Ralph Föhr

**PHOTOGRAMMETRISCHE
ERFASSUNG
RÄUMLICHER
INFORMATIONEN
AUS VIDEOBILDERN**

D1697690

Fortschritte der Robotik

Herausgegeben von Walter Ameling und Manfred Weck

Band 1
Hermann Henrichfreise
Aktive Schwingungsdämpfung an einem elastischen Knickarmroboter

Band 2
Winfried Rehr (Hrsg.)
Automatisierung mit Industrierobotern

Band 3
Peter Rojek
Bahnführung eines Industrieroboters mit Multiprozessoren

Band 4
Jürgen Olomski
Bahnplanung und Bahnführung von Industrierobotern

Band 5
George Holling
Fehlerabschätzung von Robotersystemen

Band 6
Nikolaus Schneider
Kantenhervorhebung und Kantenverfolgung in der industriellen Bildverarbeitung

Band 7
Ralph Föhr
Photogrammetrische Erfassung räumlicher Informationen aus Videobildern

Vieweg

Fortschritte der Robotik   7

Ralph Föhr

PHOTOGRAMMETRISCHE ERFASSUNG RÄUMLICHER INFORMATIONEN AUS VIDEOBILDERN

Fortschritte der Robotik
Exposés oder Manuskripte zu dieser Reihe werden zur Beratung erbeten an:
Prof. Dr.-Ing. Walter Ameling, Rogowski-Institut für Elektrotechnik der RWTH Aachen, Schinkelstr. 2, D-5100 Aachen
oder
Prof. Dr.-Ing. Manfred Weck, Laboratorium für Werkzeugmaschinen und Betriebswirtschaftslehre der RWTH Aachen, Steinbachstr. 53, D-5100 Aachen
oder an den
Verlag Vieweg, Postfach 58 29, D-6200 Wiesbaden.

Autor: Dipl.-Ing. Ralph Föhr arbeitet am Lehrstuhl für Allgemeine Elektrotechnik und Datenverarbeitungssysteme der RWTH Aachen.

D82 (Diss. T.H. Aachen)

Der Verlag Vieweg ist ein Unternehmen der Verlagsgruppe Bertelsmann International.

Alle Rechte vorbehalten
© Friedr. Vieweg & Sohn Verlagsgesellschaft mbH, Braunschweig 1990

Das Werk einschließlich aller seiner Teile ist urheberrechtlich geschützt. Jede Verwertung außerhalb der engen Grenzen des Urheberrechtsgesetzes ist ohne Zustimmung des Verlages unzulässig und strafbar. Das gilt insbesondere für Vervielfältigungen, Übersetzungen, Mikroverfilmungen und die Einspeicherung und Verarbeitung in elektronischen Systemen.

Umschlaggestaltung: Wolfgang Nieger, Wiesbaden
Druck und buchbinderische Verarbeitung: Lengericher Handelsdruckerei, Lengerich
Printed in Germany

ISBN 3-528-06402-1

Vorwort

Die vorliegende Arbeit entstand im Rahmen meiner Tätigkeit in der Forschungsgruppe "Industrielle Bildverarbeitung" am Lehrstuhl für Allgemeine Elektrotechnik und Datenverarbeitungssysteme der RWTH Aachen. Herrn Professor Dr.-Ing. Walter Ameling, dem Leiter dieses Lehrstuhls, danke ich für die Möglichkeit, diese Arbeit an seinem Institut durchführen zu können, und für die Übernahme des Referates.

Herrn Professor Dr.-Ing. Dietrich Meyer-Ebrecht, dem Leiter des Lehrstuhls für Meßtechnik der RWTH Aachen, danke ich für das Interesse, das er meiner Arbeit entgegengebracht hat, und für die Übernahme des Korreferats.

Herrn Dr.-Ing. Wolfgang Kubalski sowie meinen Kollegen gilt mein besonderer Dank für viele anregende Diskussionen und die kritische Durchsicht des Manuskripts.

Danken möchte ich auch allen von mir betreuten Studenten, die als Diplom- oder Studienarbeiter oder als studentische Hilfskräfte bei der Durchführung der praktischen Arbeiten tatkräftig geholfen haben.

Aachen, den 9.März 1990 *Ralph Föhr*

Inhaltsverzeichnis

1 Einführung   1
     1.1 Motivation 1
     1.2 Aufgabenstellung und Überblick 3

2 Vision-Systeme für industrielle Anwendungen   6
     2.1 Status Quo industriell eingesetzter Systeme 6
     2.2 Analysestrategien für industrielle Szenen 7
         2.2.1 Erzeugung von Szeneninformationen 8
         2.2.2 Übergang zur räumlichen Darstellung 10
     2.3 Zeitbedingungen und Rechnerarchitekturen 12
         2.3.1 Der Echtzeitaspekt 12
         2.3.2 Ein Rechner für industrielle Vision-Systeme 12

3 Bildaufnahme und Extraktion lokalisierbarer Bildelemente   15
     3.1 Die Entstehung des digitalen Videobildes 15
         3.1.1 Einfluß der Kamera 15
         3.1.2 Digitale Bildaufnahme 20
     3.2 Lokalisierbare Bildelemente 23
         3.2.1 Konturerzeugung 24
         3.2.2 Konturverfolgung 28
         3.2.3 Erfassung von Polygonen 31
         3.2.4 Erfassung von Ellipsen 35
         3.2.5 Erfassung markanter Punkte 38

4 Ein photogrammetrisches Modell für Videokameras   45
     4.1 Komponenten der Kameraabbildung 47

	4.1.1	Die Zentralperspektive	47
	4.1.2	Räumliche Transformationen	48
	4.1.3	Eigenschaften der perspektivischen Projektion	52
4.2	Bestimmung der Kameraparameter		54
	4.2.1	Die geometrische Transformation	54
	4.2.2	Direkte Lineare Transformation	59
	4.2.3	Vergleich der beiden Kameramodelle	60
4.3	Rechnergestützte Kamerakalibrierung		63
	4.3.1	Lösung des nichtlinearen Gleichungssystems	63
	4.3.2	Das Paßpunktgestell	67
	4.3.3	Die Kalibrierungsprozedur	69
4.4	Verwendung der Kameraparameter		70
	4.4.1	Auswahlkriterien für ein angepaßtes Kameramodell	71
	4.4.2	Die inverse geometrische Transformation	71
4.5	Diskussion der Ergebnisse		73

5 Photogrammetrische Auswertung monokularer Aufnahmen — 75

5.1	Rauminformationen aus einer Kameraansicht		75
5.2	Unterstützung durch periphere Komponenten		76
	5.2.1	Bestimmung einzelner räumlicher Stützpunkte	76
	5.2.2	Direkte Messung des Kamerastandorts	78
	5.2.3	Auswertung kodierter Beleuchtung	79
5.3	Perspektivische Entzerrung ebener Szenenbereiche		82
	5.3.1	Die projektive Abbildung	83
	5.3.2	Bestimmung der Entzerrungsparameter	84
	5.3.3	Bestimmung des Kamerastandorts aus der Szene	85
5.4	Lagebestimmung ebener Polygonflächen		87
	5.4.1	Eckpunktansatz	88
	5.4.2	Identifikation von Polygonen	89
	5.4.3	Der virtuelle Kreis	90
5.5	Lagebestimmung kreisförmiger Strukturen		90
	5.5.1	Perspektivische Abbildung des Kreises	91
	5.5.2	Bestimmung der räumlichen Freiheitsgrade	92
	5.5.3	Ein Anwendungsbeispiel	95

6 Stereoskopische Vermessungen von Raumpunkten — 97
- 6.1 Günstige Anordnung des Stereokamerapaars 97
- 6.2 Das Korrespondenzproblem 98
  - 6.2.1 Ähnlichkeitsmaße 99
  - 6.2.2 Bestimmung von Disparitäten 101
- 6.3 Verallgemeinerung der Kamerapaaranordnung 102
  - 6.3.1 Kalibrierung des Kamerapaars 104
  - 6.3.2 Der räumliche Vorwärtsschnitt 104
  - 6.3.3 Epipolarlinien 106
- 6.4 Genauigkeitsanalyse 109
  - 6.4.1 Vergleich verschieden genauer Kameramodelle 109
  - 6.4.2 Anwendung auf markierte und markante Punkte 113
- 6.5 Realisierungsaspekte 116

7 Zusammenfassung — 117

A Anhang — 119
- A.1 Verwendete Symbole und Abkürzungen 119
  - A.1.1 Koordinatensysteme 119
  - A.1.2 Bildaufnahme und Extraktion von Bildelementen 119
  - A.1.3 Photogrammetrisches Modell für Videokameras 121
  - A.1.4 Monokulare Verfahren 124
  - A.1.5 Stereoskopische Vermessungen 126
- A.2 Hinweise zur Ausgleichsrechnung 128
- A.3 Vermessungsprotokolle 130
  - A.3.1 Richtungswinkel der verwendeten Paßpunkte 130
  - A.3.2 Paßpunktkoordinaten 131
- A.4 Kalibrierungsprotokolle 132
  - A.4.1 CCD-Videokamera Sony XC37/38, 7-Parameter-Modell 134
  - A.4.2 CCD-Videokamera Sony XC37/38, 13-Parameter-Modell 135

B Literaturverzeichnis — 136

Abbildungsverzeichnis

1.1	Erfassung räumlicher Informationen aus Videobildern	3
2.1	Von der Bild- zur Szeneninformation	8
2.2	Hybrider Bildverarbeitungsrechner	13
3.1	MOS-XY-Sensor	17
3.2	Frame-Transfer-Sensor	18
3.3	Gesamtübertragungsfunktion des Aufnahmesystems	22
3.4	Beispielmuster von Bildelementen	25
3.5	Template matching für Kantenpunkte	26
3.6	Querschnitt durch $\nabla^2 G(\rho)$ und $\mathcal{F}\{\nabla^2 G(\rho)\}$	27
3.7	Contour tracing	29
3.8	Modifizierte Startpunktsuche	30
3.9	Kritische Situationen bei klass. Hough-Transformation	33
3.10	Polygonapproximation	35
3.11	Ellipsenapproximation	38
3.12	Der Moravec-Operator	40
3.13	Der Einfluß des Medianfilters auf ideale Ecken	42
4.1	Einfache Kameramodelle	46
4.2	Rotation in Winkeln der Kugelkoordinaten	50
4.3	Die Elemente der homogenen Transformationsmatrix	52
4.4	Transformation der Welt in die Bildebene	55
4.5	Rechnerischer Ablauf des Kalibrierungsverfahrens	66
4.6	Paßpunktgestell und vergrößerte Markierung	67
4.7	Meßanordnung für die Bestimmung der Paßpunktkoordinaten	68
4.8	Koordinatensysteme des Kameramodells	70

5.1	Einfache Triangulation	77
5.2	Lichtschnittverfahren	80
5.3	Graphische Darstellung einer Funktion $f(x,y)$	81
5.4	Perspektivische Entzerrung einer "flachen" Szene	82
5.5	Bestimmung des Projektionszentrums	85
5.6	Eckpunktansatz	88
5.7	Ausnutzen des Doppelverhältnisses	89
5.8	Abbildung von Polygon und virtuellem Kreis	91
5.9	Perspektivische Abbildung eines Kreises	92
5.10	Schnitt durch den elliptischen Kegel	95
5.11	Berührungslose Bohrlochvermessung	96
6.1	Günstige Anordnung eines Binokularstereosystems	98
6.2	Bestimmung von Disparitäten mit Hilfe des SSD-Algorithmus	103
6.3	Räumlicher Vorwärtsschnitt nach Waldhäusl	105
6.4	Bestimmung der Epipolarlinie	106
6.5	Restabweichungen des idealisierten Modells	110
6.6	Restabweichungen des verzeichnungsfreien Modells	111
6.7	Restabweichungen des vollständigen Modells	112
6.8	Polyederszene für die Vermessung markanter Punkte	114

Tabellenverzeichnis

3.1 Eckenveränderung durch den Medianoperator 43

4.1 Korrelationskoeffizienten 65

6.1 Kontrollpunkte im idealisierten Modell 110
6.2 Kontrollpunkte im verzeichnungsfreien Modell 111
6.3 Kontrollpunkte im vollständigen Modell 112
6.4 Kontrollpunktkoordinaten manuell ausgewählter Punkte 114
6.5 Kontrollpunktkoordinaten markanter Punkte 115

1. Einführung

Das Erkennen und Lokalisieren von Werkstücken oder Werkstückteilen ist im Rahmen flexibler Fertigungssysteme zu einem zentralen Automatisierungsproblem geworden. Der Zuführung ungeordneter Montageteile, dem Auffinden von Positionen im Arbeitsraum oder dem Umgang mit wechselnden Produkten in einer Fertigungseinheit sind starr programmierte Systeme nicht gewachsen. Der entscheidende Nachteil besteht im mangelnden Sehvermögen, das die Voraussetzung für die Identifizierung von Objekten und für die Feststellung ihrer Position darstellt. Der Mensch, der die meisten flexibleren Handhabungsfunktionen heute noch selbst übernimmt, gewinnt aus diesen Informationen eine Vorstellung über seine Umwelt und damit ein vereinfachtes und auf das Wesentliche einer Situation beschränktes Modell, das er zur direkten Rückkopplung zwischen Bewegung und Beobachtung benutzt.

Videokameras sind einerseits, bedingt durch die zweidimensionale Projektion, beschränkt in der Erfassung der räumlichen Welt, andererseits stellen sie als Sensoren mit einer großen Informationsdichte hohe Anforderungen an die verarbeitende Rechnerarchitektur. Daher sind heutige technische Realisierungen von industriellen Bildanalysesystemen noch von einfachen zweidimensionalen Modellen des Arbeitsraums und der Werkstücke geprägt. Solche Systeme können jedoch nur in Spezialfällen zur Lösung von Handhabungsaufgaben in einer dreidimensionalen Welt beitragen.

Für den Übergang in räumliche Repräsentationen werden Messungen räumlicher Eigenschaften wie die genaue Position wichtiger Szenendetails benötigt. Die vorliegende Arbeit beschreibt die Anwendung photogrammetrischer Prinzipien zur Bestimmung von Raumpositionen geometrischer Grundelemente aus Videobildern. Die resultierenden Verfahren können direkt in der Fertigung für einfache Lokalisierungsfunktionen eingesetzt werden und stellen darüberhinaus die Grundlage für eine weitergehende dreidimensionale Modellierung dar.

1.1 Motivation

Menschliches Denken kann aus Komplexitätsgründen als Vorlage für "intelligente" Maschinen nur in vereinfachter Form und im Rahmen anwendungsbezogener Modelle und Verfahren dienen. Die bisherigen Ergebnisse werden in naher Zukunft kaum dazu führen, den Menschen mit all seinen geistigen Fähigkeiten und seinem Anpassungsvermögen in der Fertigung zu ersetzen. Die bekannten Modelle und Verfahren sind aber doch in der Lage, einzelne Aufgabenklassen flexibel und unempfindlich gegenüber einer Vielzahl von Einflüssen zu gestalten.

Solche Einflüsse sind sowohl die Aufnahmebedingungen (z.B. variierende Lichtverhältnisse und Reflexionseigenschaften der betrachteten Objekte) als auch Blickwinkelveränderungen und damit verbundene Effekte (z.B. unterschiedliche Ansichten oder Verdeckung durch andere Objekte). Die Aufgabe eines automatischen Bildanalysesystems mit einer oder mehreren Videokameras und einer rechnergestützten Bildauswertung muß auf diese Veränderungen möglichst flexibel reagieren. Die Änderung der Aufnahmebedingungen wird im Rahmen der Bildvorverarbeitung durch Einbeziehung der auf die Kamera projizierten Lichtintensitätsverteilung (photometrische Komponente) behandelt, während durch eine geometrische Modellierung die räumliche Projektion der Szene und der in ihr enthaltenen Objekte berücksichtigt wird (photogrammetrische Komponente).

Die geometrische Modellierung des Aufnahmegeräts kann dabei zunächst unabhängig von der gewählten Beleuchtung betrachtet werden. Sie erlaubt eine Zuordnung zwischen den beleuchteten Punkten in der Szene und den auf dem zweidimensionalen Intensitätsfeld abgebildeten Projektionen. Im verwandten Bereich der *Photogrammetrie* werden ähnliche Probleme diskutiert. So wird beispielsweise in der Luftbildvermessung für die Herstellung topographischer Karten aus einer Folge von Bildern auf den Oberflächenverlauf der beobachteten Landschaft geschlossen. Anfangs bildete der Mensch die Instanz, die die Stützpunkte zur Vermessung auswählte, heute geschieht dies bereits vereinzelt mit solchen automatischen Verfahren, wie sie auch hier diskutiert werden. Den Zielen dieser Arbeit entspricht noch mehr die nichttopographische Nahbereichsphotogrammetrie, die als Hilfsmittel der Ingenieurgeodäsie zunehmend an Bedeutung gewinnt. Sie dient beispielsweise, in Kombination mit herkömmlichen geodätischen Methoden, zur Kontroll- und Deformationsvermessung an baulichen Konstruktionen oder Maschinen.

Photogrammetrische Werkzeuge sind in der Regel sog. Meßkammern, die Funktionen eines Fotoapparats erfüllen können, aber mit hochwertigen Objektiven und zuverlässiger Mechanik ausgestattet sind. Die lichtempfindliche Fläche ist eine Glasplatte (bei Einzelaufnahmen) oder ein Film (bei Bildfolgen bis zu 500 Aufnahmen) mit einer Breite von durchaus 240mm. Die Korngrößen des Filmmaterials kennzeichnen die mögliche Ortsauflösung, die im Bereich weniger μm liegt und Bilder bis zu $10^5 \times 10^5$ Punkten ermöglicht. Der reine Off-line-Charakter macht dieses Instrumentarium ungeeignet für den häufig geforderten On-line-Einsatz der industriellen Bildverarbeitung.

Daher werden in dieser Arbeit die photogrammetrischen Gesetzmäßigkeiten auf on-line-fähige Videokameras angewendet. Diese Kameras stellen bei heutiger Technik etwa alle 40 ms ein neues Videobild mit einer Auflösung von etwa 500×500 Bildpunkten zur Verfügung. Es wird kein Film als Zwischenträger benötigt, da auf elektrischem Wege ein unmittelbarer Transfer von Lichtintensitätswerten einzelner Bildpunkte in eine rechnerinterne Darstellung erfolgt. Dagegen läßt die genannte Auflösung bei Kameras, die in erster Linie für Überwachungsaufgaben oder Magnetaufzeichnungen gefertigt werden, nur eine erheblich verminderte Genauigkeit zu. Die Photogrammetrie kennt Verfahren zur Ermittlung der Abbildungsparameter und damit zur nachträglichen Kalibration ihrer Meßkammern. Die damit verbundenen Prinzipien müssen für Videokameras erweitert werden. Ziel wird es sein, durch die Kalibrierung im Feld eine weit über die Fertigungstoleranzen der Kameras hinausgehende Genauigkeit zu erreichen.

1.2 Aufgabenstellung und Überblick

Motiviert durch die skizzierten photogrammetrischen Auswertungsmöglichkeiten und ausgerichtet an Anwendungen im Bereich der Bewegungssteuerung für Handhabungsgeräte ist die für diese Arbeit relevante Aufgabe die Bereitstellung von Meßverfahren für räumliche Merkmale aus Videobildern industrieller Szenen.

In Abbildung 1.1 sind die einzelnen Stufen der in dieser Arbeit hergeleiteten Verfahren in einem Blockdiagramm zusammengefaßt.

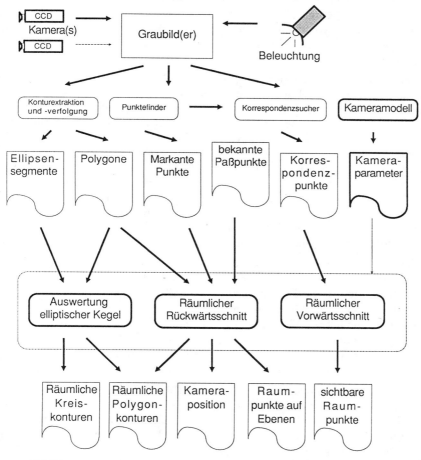

Abbildung 1.1: Erfassung räumlicher Informationen aus Videobildern

Nach dieser Einführung wird im zweiten Kapitel der industrielle Einsatz der diskutierten Verfahren erläutert und die erforderlichen Randbedingungen festgelegt. Die Randbedingungen beinhalten eine Charakterisierung der Szenen und Objekte sowie eine Darstellung der erwarteten Funktionen von Vision-Systemen. In einem kurzen Überblick werden wichtige in der Literatur behandelte Vision-Systeme mit räumlicher Auswertung gegenübergestellt. Auf den im industriellen Umfeld essentiellen Rechenzeitaspekt wird wegen der On-line-Verarbeitung in diesem Zusammenhang ebenfalls eingegangen und eine geeignete Rechnerarchitektur vorgeschlagen.

Die physikalischen Eigenschaften von Videokameras und die digitale *Bildaufnahme* werden in Abschnitt 3.1 betrachtet, um Einflüsse des Sensors und der Rechnerschnittstelle auf die in dieser Arbeit untersuchten Aspekte abschätzen zu können. Aus dieser Betrachtung werden Regeln für die Auswahl und den Einsatz von Kamera und Bildspeicher abgeleitet.

Die Generierung photogrammetrisch *auswertbarer Bildelemente* wird im Abschnitt 3.2 beschrieben. Rechenzeitaspekte sind unter anderen dafür verantwortlich, daß nicht alle Bildpunkte mit gleicher Priorität den entsprechenden Raumpunkten zugeordnet werden können. Hinzu kommt, daß eine punktweise Auswertung aufgrund von Mehrdeutigkeiten nicht immer möglich ist oder aber durch Auswertung von Punktgruppen eine höhere Genauigkeit erzielt wird. Daher werden an den Erfordernissen des Handhabungsbereichs orientierte Punktgruppen (Kreise und Polygone) vorab aus dem Videobild extrahiert. Die vom Menschen geplanten Werkstücke sind häufig prismatischer Natur und besitzen zur Montage Verbindungselemente wie Bohrlöcher oder Bolzen mit kreisförmigen Konturen. Die polygonalen Berandungen und die beim verwendeten Kameramodell zu elliptischen Konturen verzerrten Kreise sind am Werkstück orientierte Markierungen, die für die verschiedenen Handhabungsarbeitsgänge möglichst genau vermessen werden sollten.

Im vierten Kapitel wird auf das für die Lokalisierungsverfahren zentrale *photogrammetrische Modell* der Videokamera eingegangen. Nach Herleitung der einzelnen Stufen des verwendeten Modells wird ein automatisches Kalibrierungsverfahren vorgestellt, das die Modellparameter durch Lösen eines nichtlinearen Gleichungssystems unter Einbeziehung bekannter räumlicher Paßpunktkoordinaten gewinnt. Mögliche Vereinfachungen bei verminderten Genauigkeitsanforderungen, geringeren Fertigungstoleranzen der Kameras oder einer präziseren Kameraoptik werden dann im Zusammenhang mit prinzipiellen Hinweisen zur Benutzung des Kameramodells diskutiert.

Die Auswertung *monokularer Aufnahmen* mit Hilfe des Kameramodells im Hinblick auf räumliche Informationen wird im fünften Kapitel behandelt. Breiten Raum nehmen die in der Literatur vorgeschlagenen peripheren Einheiten ein, die durch eine autonome Entfernungsmessung oder durch strukturiertes Licht Hinweise auf räumliche Anordnungen geben können. Der wesentliche neue Beitrag dieser Arbeit besteht in der analytischen Auswertung der im dritten Kapitel beschriebenen Bildelemente, deren Lokalisierung nun sehr genau möglich wird. Die Betrachtung von ebenen Szenenelementen mit polygonalen oder kreisförmigen Begrenzungen schränkt das durch die Projektion vieldeutige Zuordnungsproblem ein und erlaubt eine Positionsbestimmung unter Einbeziehung von A-priori-Wissen, z.B. durch Kenntnis realer Abmessungen.

1.2 Aufgabenstellung und Überblick

Die *stereoskopische Vermessung* von Raumpunkten ist das Thema des sechsten Kapitels. Die von der Verwendung peripherer Einheiten unabhängige Vermessung einzelner Punkte erfordert die Berücksichtigung zusätzlicher Ansichten, z.B. durch den Einsatz einer zweiten Kamera. Das dabei angewandte Prinzip des räumlichen Vorwärtsschnitts ist der Geodäsie entlehnt und erlaubt im Gegensatz zu den bisher üblichen Stereoanordnungen eine in weiten Grenzen wählbare relative Positionierung des Kamerapaars.

Beispiele für die einzelnen Verfahren sind jeweils unter den genannten Kapiteln aufgeführt. Der Anhang enthält darüberhinaus verschiedene Kalibrierungsprotokolle und die Daten des für die Kalibrierung verwandten Paßpunktgestells.

2. Vision-Systeme für industrielle Anwendungen

Der englische Begriff "Vision-System" steht für Videokamera(s) und ein angeschlossenes Rechnersystem zur Verarbeitung der Bildinformationen. Er soll im folgenden auch hier benutzt werden, da deutsche Begriffe wie "Sichtsystem" oder "Bildanalysesystem" nicht umfassend genug sind. Das von Radig in [RADI83] benutzte "Sichtsystem" hat zwar einen Bezug zum "Sehen", vereinigt aber nicht so explizit die Bedeutung von Sehen, Verstehen und Vorstellen wie das englische Wort "vision". Der Begriff der "Bildanalyse" ist für die hier diskutierten Funktionen nicht umfassend genug, da er nur die der Modellbildung zugehörenden Aspekte, nicht aber die Messung geometrischer Merkmale berücksichtigt.

Der in dieser Arbeit hervorgehobene industrielle Aspekt bezieht sich in erster Linie auf den Bereich der Fertigung und hier im wesentlichen auf die Handhabungstechnik. Typische Handhabungsaufgaben sind das Entladen von Paletten und Transportbehältern, das Greifen und Fügen von Werkstücken bei der Montage sowie das Führen von Werkzeugen zur Werkstückbearbeitung. Viele Anwendungen erfordern einen exakt beschriebenen Ordnungszustand zur automatischen Handhabung, der ohne eine passende Sensorik nur durch einen unverhältnismäßig hohen mechanischen und steuerungstechnischen Aufwand bei der Werkstückzuführung zu realisieren ist. Der Trend bei der Sensorik ([SCHR88]) geht hin zu komplexen Sensorsystemen, die die Robotersteuerung durch flexible, adaptive Einflußnahmen entlasten sollen. Das wichtigste Sensorsystem dieser Art ist das Vision-System, da mit ihm berührungslos und umfassend Informationen über die Umwelt des Handhabungssystems gewonnen werden können.

Zunächst sollen wegen ihrer Bedeutung die heute im industriellen Umfeld eingesetzten Vision-Systeme betrachtet werden. Dann soll eine Übersicht der prinzipiell verwendbaren Informationen aus Bildern industrieller Szenen erfolgen, um abschließend auf die bei industriellen Prozessen wichtige Randbedingung der Taktzeiten einzugehen. Sie legen die maximal verfügbaren Ausführungszeiten fest, die sich zentral auf den Aufwand der verwendeten Rechnerarchitektur und damit auf die Kosten auswirken.

2.1 Status Quo industriell eingesetzter Systeme

Kommerzielle Systeme werden derzeit durch den stattfindenden Übergang von der Binärbild- zur Graubildverarbeitung beschrieben ([KING87]). Dieser Übergang wurde notwendig durch die starken Einschränkungen, die sich bei Einführen fester Schwellen für die Lichtintensität in industriellen Szenen ergeben. Lediglich bei definiertem Hintergrund

und ungestörten Objektoberflächen können diese Systeme einzelne Identifizierungs- und Lokalisierungsfunktionen erfüllen. Erste graubildverarbeitende Systeme gehen verstärkt auf die Bewertung von Grauwertkanten als lichtintensitätsunabhängigem Hinweis auf Objektkanten ein. Andere berücksichtigen Grauwertdifferenzen zwischen einem Muster und dem zu bewertenden Bild, um bestimmte Muster wiederzuerkennen.

Eingesetzt werden im wesentlichen Spezialprozessoren als Koprozessor in freiprogrammierbaren Kleinrechnern (PCs, Minirechner) oder abgeschlossene Systeme mit eigener Bedienoberfläche. Sie sind meist in der Lage, isoliert liegende flache Teile vor einem eindeutigen Hintergrund zu lernen und bei gleicher Perspektive zuverlässig wiederzuerkennen sowie im Raster von Bildfeldkoordinaten zu lokalisieren. Die obere Grenze der Erkennungsfähigkeit ist bei flachen, sich gegenseitig verdeckenden Teilen anzusetzen. Beschreibungen solcher Systeme finden sich beispielsweise in [PUGH86] oder [VISI87].

Das fast ausschließlich verwendete geometrische Modell für die Kameraprojektion ist das der Parallelprojektion, das nur bei, verglichen mit der Brennweite, großen Entfernungen mit tolerablen Fehlern arbeitet. Die Mehrzahl kommerzieller Vision-Systeme ignoriert die dritte Dimension und geht zur Durchführung der Skalierung von einer festen Distanz zwischen Kamera und Objekt aus.

2.2 Analysestrategien für industrielle Szenen

Betrachtet werden zunächst typische Aufgabenstellungen, die durch ein Vision-System übernommen oder unterstützt werden können. Diese sind nach einer Übersicht von Radig [RADI83]:

- Sichtprüfung, Qualitätskontrolle, Erfolgskontrolle
- Handhabung einzelner Gegenstände
- Entnahme von Gegenständen aus Behältern
- Bearbeitung
- Montage

Für das Vision-System sind dann folgende Teilaufgaben zu erwarten:

- Vermessen von Rohmaterial, Werkstücken und Werkzeugen
- Prüfen auf Vollständigkeit
- Lesen von Identifikations- oder Positionsmarkierungen
- Identifizieren von Gegenständen
- Prüfen der Oberflächenbeschaffenheit

- Erfassen ruhender oder bewegter Werkstücke
  - in mehreren Freiheitsgraden
  - in verschiedenen Ordnungszuständen
  - vereinzelt oder überlappt
- Überwachen von Sollpositionen
  - vor einer Bearbeitung
  - während der Bearbeitung
- Bewegungs- und Ablaufplanung unter Berücksichtigung von Hindernissen

Allen Teilaufgaben ist gemeinsam, daß aus dem Kamerabild eine flächige oder räumliche Szenenbeschreibung erzeugt werden muß. Der Inhalt dieser Beschreibung ergibt sich aus der Aufgabenstellung und den zu berücksichtigenden Randbedingungen wie Sensorfähigkeiten, Prozessor, Zeittakt, Fehlertoleranz, Adaptierbarkeit und Programmierbarkeit ([RADI83]). Entsprechend der jeweiligen Aufgabenstellung und abhängig vom Wissen über die zu erwartende Szene erfolgt eine Auswahl an Meßverfahren, die aus Bildinformationen die szenische Information für den behandelten Anwendungsfall gewinnt.

2.2.1 Erzeugung von Szeneninformationen

Die den Meßverfahren zugrundeliegenden Methoden sollen im folgenden erläutert werden. Vorab sind in Abbildung 2.1 zur besseren Übersicht die zur Verfügung stehenden Bildinformationen (oben, oval eingerahmt) und die daraus erzeugbaren Szeneninformationen (unten) zusammengefaßt.

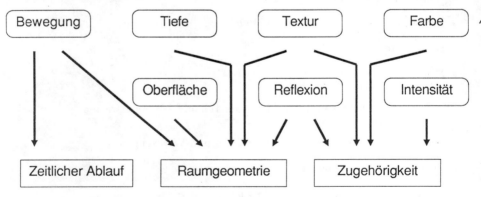

Abbildung 2.1: Von der Bild- zur Szeneninformation

Die *Lichtintensität* einzelner Bildpunkte liefert, isoliert betrachtet, nur in Ausnahmefällen eine Information über das Objekt selbst. Der gemessene Grauwert kann ein einfacher zweidimensionaler Hinweis zur Unterscheidung flacher Objekte vor einem eindeutigen, z.B. beleuchteten Hintergrund sein.

Neben der reinen Intensität kann mit entsprechenden Kameras auch auf die *Farbe* und damit die spektrale Verteilung des von den Oberflächen reflektierten Lichts zurückgegriffen werden. Während sich der Mensch bei der Zuordnung von beobachteten Regionen zu Objekten stark an einer Gleichfarbigkeit orientiert, erleichtert die Farbe auch den Vision-Systemen durch den mehrdimensionalen Parameterraum und die damit erweiterten Klassifizierungsmöglichkeiten der Bildpunkte die Aufteilung in logisch zusammengehörende Regionen.

Regularitäten in der lokalen Geometrie der Grauwertverteilung bezeichnet man als *Textur*. Auch sie stellt ein Maß für die Zugehörigkeit des Bildpunktes zu einer Objektoberfläche dar. Die Änderung der Textur wird beim "shape-from-texture" ([DAVI83]) durch Ausnutzen perspektivischer Verzerrungen zur Bestimmung der Oberflächenorientierung genutzt.

Die *Tiefe*, also die Entfernung eines abgebildeten Objektpunkts von der Kamera, geht bei der zweidimensionalen Projektion in der Regel verloren. Diese Information wird allerdings bei beliebig geformten Objekten vor einer nur durch dreidimensionale Betrachtung segmentierbaren Szene benötigt, um Objekte vom Hintergrund zu unterscheiden und gleichzeitig deren räumliche Lage relativ zur Kamera angeben zu können. Die Wiedergewinnung der Tiefeninformation ist nur unter Angabe zusätzlicher Randbedingungen, wie der Vorgabe einer Bezugsebene, Aufnahmen aus verschiedenen Blickwinkeln oder mit Hilfe zusätzlicher Sensorik möglich.

Die *Orientierung von Oberflächen* läßt sich zum einen indirekt aus der Tiefeninformation bestimmen, zum anderen aber auch mit Hilfe von Modellwissen, z.B. bei eingeschränktem Objektvorrat, rekonstruieren. Die direkte Messung ist entweder durch Ausnutzung der Kenntnisse über die Oberflächenbeschaffenheit oder aber durch Aufbringen eines geeigneten Lichtmusters möglich. Die so gewonnenen Oberflächeninformationen lassen sich im Gegensatz zur reinen Tiefeninformation leicht auf ein objektzentriertes Koordinatensystem übertragen und sind als lokales Formmerkmal in einer globalen Zusammenstellung zur Beschreibung von Objekten geeignet.

Bewegungsinformationen werden durch den Vergleich von mindestens zwei Bildern einer Bildfolge gewonnen. Die Verlagerung von Bildpunkten aufeinanderfolgender Bilder läßt sich als Feld projizierter Translationsvektoren bestimmen. Die Theorien zur Betrachtung dieses sog. optischen Flusses erlauben damit die Berechnung von Tiefe und Bewegung relativ zur Kamera. Hieraus gewonnene Informationen sind insbesondere für die Vermeidung von Kollisionen wichtig, wobei jedoch aus Rechenzeitgründen eine Objektidentifikation meist unterbleibt. Bildfolgen sind auch geeignet, um verschiedene Blickrichtungen zum ruhenden Werkstück zur Verfügung zu stellen. Wegen der analogen Auswertung bei binokularen stereoskopischen Verfahren wird in der Literatur für diese Art räumlichen Sehens der Begriff "Bewegungsstereo" ([NEUM81] oder [TSAI84]: "motion stereo") benutzt.

Reflexionseigenschaften von Objektoberflächen können beim kontrollierten Einsatz der Beleuchtung ausgenutzt werden. Dabei kann sowohl auf die Oberflächenorientierung zurückgeschlossen werden, als auch auf Störungen, letzteres z.B. für die Sichtprüfung von Werkstücken. Für die Auswertung der Oberflächenorientierung wird ein Verfahren vorgeschlagen, das die Flächennormalen durch die Verwendung von mehreren, aus unterschiedlichen Richtungen beleuchteten Szenenbildern gewinnt. Dieses Verfahren wird wegen der Verwendung unterschiedlicher Beleuchtungsrichtungen bei konstanter Blickrichtung als "Photometrisches Stereo" bezeichnet ([WOOD81]: "photometric stereo").

Die beschriebenen Methoden bilden eine Übersicht über die bei Videobildern auswertbaren Szeneninformationen. In einigen Anwendungen reichen diese Informationen bereits aus, während für andere nur ein Zwischenschritt erreicht ist. Im folgenden Abschnitt soll daher auf wichtige Ansätze zur weitergehenden Auswertung der Szeneninformation eingegegangen werden. Dabei sollen ausgehend von den heute industriell eingesetzten Systemen dann die erst in den Labors realisierten Ansätze zur dreidimensionalen Auswertung angesprochen werden.

2.2.2 Übergang zur räumlichen Darstellung

Während die industriell eingesetzten Systeme in der Mehrzahl räumliche Aspekte vernachlässigen, existiert eine große Anzahl an Laborlösungen, die räumliche Strukturen berücksichtigen. Im folgenden werden wichtige Implementierungen, die wesentliche dreidimensionale Problemstellungen behandeln, ausgewählt und kurz dargestellt. Diese Gegenüberstellung erlaubt eine Einordnung der in dieser Arbeit behandelten Verfahren als Zwischenschritt zur Messung dreidimensionaler Merkmale aus Videobildern. Eine Einbeziehung in die im folgenden skizzierten und eher strukturell angelegten Verfahren ist möglich und wird angestrebt.

Der historisch erste Ansatz stammt von Roberts, der bereits in den frühen 60er Jahren am Lincoln Laboratory des MIT versucht hat, Polyederszenen zu rekonstruieren ([ROBE65]). Er beginnt, aus Punkten mit einem hohen Grauwertgradienten zunächst auf die Kantenlinien der Polyeder zu schließen. Ein dreidimensionales Eckenmodell der Polyeder wird dazu benutzt, um aus einer Ansicht Kombinationen von Ecken mit dem Referenzmodell in Übereinstimmung zu bringen. Er verwendet dazu die aus der Computergrafik bekannten Transformationsverfahren zur Translation und Rotation von Kanten sowie zur perspektivischen Entzerrung. Eine direkte Anwendung im industriellen Bereich, wie sie in dieser Arbeit vorgeschlagen wird, wurde von Roberts damals noch nicht gesehen.

Erst in den späten 60er und frühen 70er Jahren gehen vom MIT, der Stanford University, dem Stanford Research Institute und der Universität von Edinburgh die ersten Bemühungen um industrielle Vision-Systeme aus, deren Struktur den heute industriell eingesetzten weitgehend entspricht.

Verfahren, die auf der Interpretation von Linienzeichnungen beruhen ([HUFF71], [CLOW71] und [FALK72]), werden oft wegen der Beschränkung auf Polyeder mit den Arbeiten von Roberts in Verbindung gebracht. In diesen frühen Arbeiten beruht das Markieren von Linien ("line labelling") nur auf topologisch ermittelten Verbindungen, ohne sie auf eine räumliche Plausibilität zu überprüfen. In [MACK73] und [KANA80]

2.2 Analysestrategien für industrielle Szenen

kommen dann solche Plausibitätsprüfungen unter Berücksichtigung der Oberflächenrichtungen hinzu.

In den 70er Jahren wurden dann vermehrt Sensorsysteme entwickelt, die eine direkte Tiefenmessung in der Szene erlauben. Die Erkennung von Polyedern aus Tiefenkarten ([SHIR71]) oder gekrümmten Körpern mit Hilfe eines Modells aus verallgemeinerten Zylindern ([AGIN73]) blieben aber reine Laborlösungen, weil eine schnelle Erzeugung von Tiefenbildern auch heute noch ein technologisches Problem darstellt.

Mit dem Stichwort "shape-from-shading" wird ein Verfahren beschrieben, das aus der Lichtintensität auf die Oberflächennormalen dreidimensionaler Körper schließt. In [HORN77] und [IKEU81] sind große Teile der Theorie dargestellt, die zumindest für industrielle Anwendungen vorgeschlagen wurden, wegen der Idealisierung des Reflexionsverhaltens von Objekten wohl aber nur begrenzte Einsatzmöglichkeiten besitzen.

Einen geschlossenen Ansatz mit einem großen Einfluß auf viele folgende Arbeiten in der rechnergestützten Bildanalyse enthält die Marrsche Theorie zum menschlichen Sehen. Marr stellt in [MARR82] ein oberflächenbasiertes Objektmodell vor, das hierarchisch aus einer ersten Skizze des Bildes ("primal sketch") über eine Oberflächenskizze ("2 1/2-D sketch") gewonnen wird. Die Theorie ist von vielen psychophysischen und neurophysiologischen Erklärungen begleitet und versucht einen Rahmen zu definieren, in dem eine Simulation menschlichen Sehens stattfinden kann. In seiner Theorie ist die Definition eines dreidimensionalen Modells für den industriellen Einsatz jedoch noch unbefriedigend. Sie enthält zum Zeitpunkt der Veröffentlichung (1982) nur Hinweise auf die Verwendung von objektzentrierten Koordinatensystemen und Katalogen dreidimensionaler Grundkörper.

Den Marrschen Theorien steht das modell-basierte Vision-System ACRONYM aus dem Artificial Intelligence Laboratory der Stanford University gegenüber. Schwerpunkt dieses in [BROO81] ausführlich beschriebenen Systems ist die Vorgabe von Objektmodellen auf der Basis einer volumetrischen Beschreibung aus Grundkörpern und deren räumlicher Verknüpfung. Die Vorhersage geeigneter Merkmale der gespeicherten Modelle erfolgt automatisch aufgrund geometrischer Randbedingungen. Die Erzeugung beschreibender Merkmale aus der zu untersuchenden Szene dient dann der Bildung von Kandidaten für Übereinstimmungstests. Die Merkmale schränken die Anzahl richtiger Szenenhypothesen ein und erlauben die Verifikation oder Rückweisung von Objekten. Dies wird unter Einbeziehung eines aufwendigen Regelwerks für die räumliche Anordnung von Körpern erreicht, das Gesetzmäßigkeiten perspektivischer Verzerrung bei freier Wahl des Betrachterstandorts einbringt.

Bei den genannten Verfahren fällt einerseits auf, daß die Untersuchung der Kameraabbildung und der daraus erreichbaren Lokalisierungsfunktion nicht im Vordergrund der Forschungsarbeiten stand. Andererseits werden bei vielen der genannten Systeme Vorschläge zur Behandlung von Objekten auf abstrakterem Niveau gemacht, die im industriellen Umfeld Anwendung fänden, wenn zuverlässigere räumliche Informationen vorlägen. Die vorliegende Arbeit will daher diese Lücke durch eine systematische Untersuchung der Kameraabbildung schließen und die Messung räumlicher Informationen auf der Basis von Videobildern ermöglichen.

2.3 Zeitbedingungen und Rechnerarchitekturen

2.3.1 Der Echtzeitaspekt

Der Einsatz des Vision-Systems muß für die industrielle Anwendung Echtzeitbedingungen genügen und soll dann noch wirtschaftlich vertretbar sein. Der Begriff der *Echtzeit* wird in diesem Zusammenhang so definiert, daß das Vision-System nicht den zeitkritischen Teil der Produktionseinheit darstellt und somit die Taktzeit nicht von der Rechenzeit des Visions-Systems bestimmt wird.

Der Echtzeitaspekt wirkt sich in zweierlei Hinsicht aus. Die einzelnen implementierten Verfahren müssen einerseits bezüglich der Ausführungszeit garantierte Obergrenzen besitzen, um einer übergeordneten Steuerung in einem vordefinierten Zeitrahmen Mitteilung über die in der Szene enthaltenen Details zu geben und damit nicht den Takt der Steuerung zu gefährden. Andererseits ist es sinnvoll, nur solche Verfahren zuzulassen, die sich mit vertretbarem Aufwand parallelisieren lassen. Damit ist es durch Hochrechnen der Rechenleistung für einen Parallelrechner sicherer möglich, eine geforderte Zeitschranke zu unterbieten.

Geforderte Taktzeiten liegen gewöhnlich zwischen 0.1 und 10 s. Berücksichtigt man die Tatsache, daß einerseits im Bereich der bildpunktweisen Vorverarbeitung zwischen 10 und 100 einfache Festkommaoperationen für jeden Bildpunkt (zwischen 10^4 und 10^6 je Bild) und Operator durchgeführt werden müssen, andererseits bei Mustererkennungsaufgaben aufwendige Transformationen mit großem Gleitkommaanteil anfallen, so erkennt man, daß auch die Überlegungen zur *Rechnerarchitektur* zentral in die Leistungsfähigkeit eingehen. Das im folgenden vorgestellte Rechnersystem berücksichtigt diese Aspekte durch seine Architektur.

2.3.2 Ein Rechner für industrielle Vision-Systeme

Für die Realisierung der in dieser Arbeit vorgestellten Verfahren wurde das Konzept eines Systems von Spezial- und Universalprozessoren entwickelt, das für eine dreidimensionale Vermessung und Mustererkennung in industriell zulässigen Zeiten geeignet ist.

Das System besteht aus einer Reihe parametrierbarer, fest programmierter Spezialprozessoren mit einer Rechenleistung von jeweils bis zu 2 Milliarden 8-Bit-Festkommaoperationen in der Sekunde (2000 MIPS), die häufig benutzte Vorverarbeitungsoperatoren in der kameranahen Bildverarbeitung ausführen. Daran ist ein frei programmierbares MIMD-Parallelrechnernetz (MIMD: multiple instruction multiple data) auf Basis des Inmos-Prozessors Transputer T800 angeschlossen, das zunächst mit 16 Prozessoren bestückt ist und bis zu 160 Millionen 32-Bit-Festkomma- und 24 Millionen 32-Bit-Gleitkommaoperationen (24 MFLOPS) leistet.

Zum Datentransfer stehen innerhalb des MIMD-Prozessornetzwerks 96 Punkt-zu-Punkt-Verbindungen mit einer Nettotransportkapazität von jeweils 1 MByte/s zur Verfügung. Für schnelle Bilddatentransfers sind über Videospeicher gekoppelte Datenpfade mit einer Rate von bis zu 20 Millionen Bildpunkte/s (je 16 Bit) vorgesehen. Die Verbindungs-

2.3 Zeitbedingungen und Rechnerarchitekturen

topologie der einzelnen Prozessoren kann über programmierbare Kreuzschienenverteiler den verwendeten Algorithmen angepaßt werden. Abbildung 2.2 zeigt eine Übersicht zu den Modulen des Bildverarbeitungsrechners.

Das modulare Hardwarekonzept erlaubt eine den Zeitbedingungen der Anwendung angepaßte Konfiguration des Bildverarbeitungsrechners. So können auch Aufgaben der Vorverarbeitung bei natürlich niedrigerem Durchsatz durch das Transputernetzwerk ausgeführt werden. Wie groß dieses Netzwerk für die einzelne Anwendung sein muß, ergibt sich durch die Analyse des kritischen Programmpfads und wird auf die entsprechenden Vorgabezeiten abgestimmt. In der industriellen Anwendung können beispielsweise einfache Aufgaben schon mit kleineren Einheiten, bestehend aus einer Videosignaldigitalisierung, einem Bildspeicher und einem Prozessor, gelöst werden.

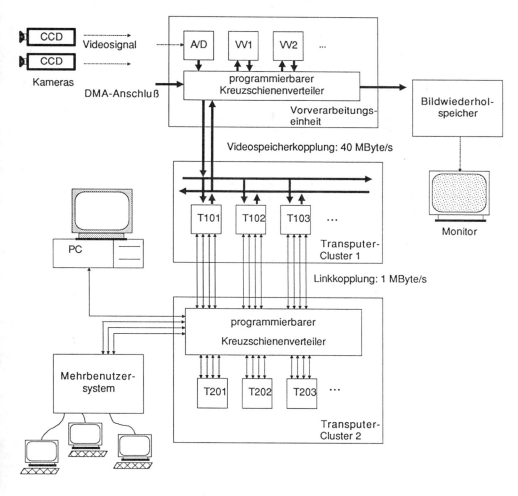

Abbildung 2.2: Hybrider Bildverarbeitungsrechner

Parallele kommunizierende Prozesse sind ein Modell für die Programmierung von MIMD-Rechnersystemen, in denen die Prozessoren über lokalen Speicher verfügen und über ein Kommunikationsnetzwerk Nachrichten austauschen ([MAY87]). Die Eignung dieses Konzepts für die digitale Bildverarbeitung wurde bereits in [FÖHR87] beschrieben. Dabei hat sich das sog. Prozessorfarming ([MATT87]) als überlegen gegenüber einer reinen Vektorisierung herausgestellt. Prozessorfarming ist ein Paradigma zur Bewältigung fein granulierbarer Aufgabenstellungen und sieht eine Aufteilung des Problems und die Auslagerung ("to farm out") auf sog. Arbeiterprozessoren ("worker processors") vor, die zentral von einem Verteilungsprozeß ("load balancer") in ihrer Auslastung überwacht werden.

Besondere Vorteile des Prozessorfarmings bestehen in der freiwählbaren Anzahl von Prozessoren und der effizienten Auslastung der Prozessoren bei genügend feiner Granularität des Verfahrens. Zu Engpässen kommt es, wenn die Kommunikationszeit für die in jedem Durchlauf benötigten Daten in der Größenordnung der Rechenzeit eines Datensatzes liegt. Um das Verhältnis der beiden Zeiten erheblich zu verbessern, entlasten die oben genannten Datenpfade an den Stellen intensiver Kommunikation.

Die einzelnen Verfahren wurden mit Hilfe des Bildverarbeitungssystems UTOPIA (UNIX-orientied Tools for Picture processing Applications, [FÖHR85]) realisiert. UTOPIA kennzeichnet eine Entwicklungsumgebung für Bildverarbeitungsalgorithmen mit einem integrierten Bildverwaltungssystem, das sowohl während der Programmlaufzeit zur Verfügung steht als auch zur mittel- und langfristigen Speicherung von Bildmaterial dient.

Es existieren Versionen von UTOPIA für OS9-basierte Mehrbenutzersysteme und, in Form von Serverprozessen, für den Einsatz in verteilten Systemen wie den genannten Transputernetzen. UTOPIA enthält etwa 100 Bibliotheksfunktionen für eine einheitliche Schnittstelle zwischen Benutzerprogramm und der Bild- und Geräteverwaltung sowie etwa 50 Dienstprogramme für die Handhabung von Bildern. Bis 1988 wurden in der Arbeitsgruppe "Industrielle Bildverarbeitung" am Rogowski-Institut der RWTH Aachen etwa 250 Anwendungsprogramme mit den Werkzeugen realisiert.

3. Bildaufnahme und Extraktion lokalisierbarer Bildelemente

In diesem Kapitel werden die ersten Stufen der Bearbeitung von Bildern industrieller Szenen betrachtet. Ausgehend von der Bildaufnahme wird die Gewinnung zweidimensionaler geometrischer Grundelemente als Voraussetzung zur Bestimmung dreidimensionaler Informationen eingeführt. Diese Grundelemente stellen die Eingangsdaten für die in Kapitel 5 und 6 beschriebenen Verfahren zur photogrammetrischen Bestimmung von Raumdaten dar und erlauben außerdem eine erste Datenreduktion der umfangreichen Intensitätsinformationen des Graubildes auf eine Liste von Primitivelementen, die sog. Szenenskizze.

Zunächst sollen in Abschnitt 3.1. die Entstehung des digitalen Videobildes und damit die verschiedenen physikalischen Randbedingungen diskutiert werden, die die Genauigkeit des verwendeten Kameramodells beeinflussen. Für eine auf Lokalisierung zielende photogrammetrische Auswertung des Videobildes wird dann in Abschnitt 3.2 die Extraktion geeigneter Bildelemente beschrieben. In diese Betrachtungen fließen einige Forschungsergebnisse aus den bisherigen Schwerpunkten digitaler Bildverarbeitung in Form der logischen Bildaufteilung durch Flächen, Grenzen der Flächen und markante Punkte ein.

3.1 Die Entstehung des digitalen Videobildes

Das digitale Videobild als zweidimensionales Feld beobachteter Lichtintensitäten ist die Grundlage für alle in dieser Arbeit behandelten Fragestellungen. Seine Entstehung läßt sich in zwei Bereiche unterteilen, deren Schnittstelle das von einer Kamera gelieferte analoge Videosignal darstellt. Im ersten Bereich der Kamera wird das Licht üblicherweise in ein analoges elektrisches Signal umgesetzt, während im zweiten dieses Signal als Zahlenwertfeld in den digitalen Speicher eines Rechners übertragen wird. Die unterschiedlichen Bildaufnahmeverfahren einschließlich der Digitalisierung werden kurz dargestellt und auf ihre Eignung bei industriellen Randbedingungen bewertet.

3.1.1 Einfluß der Kamera

Digitale Bilder der realen Welt können auf verschiedene Weise im Speicher eines Rechners erzeugt werden. Für die industrielle On-line-Verarbeitung von Bildern kommen wegen der schnellen Aufnahme, bezogen sowohl auf die Aufnahmefolge als auch auf die zur Verfügung stehende Belichtungszeit, nur Videokameras in Frage. Es wird nach dem Aufnahmeformat zwischen Flächen-und Zeilenkamera und nach dem Aufnahmeprinzip zwischen Röhren-und Halbleiterkamera unterschieden.

3.1.1.1 Aufnahmeformat und Aufnahmeprinzip

Das geeignete *Aufnahmeformat* hängt stark von der Anwendung und ihren Randbedingungen ab. Eine Zeilenkamera liefert bei einer Aufnahme nur die eindimensionale Projektion der Intensitätsverteilung einer beobachteten Schnittebene im Raum. Wird die Kamera mit einer Mechanik entlang einer Raumkurve verfahren, so können auf diesem Weg flächenhafte Eindrücke gesammelt werden. Die nächstliegende Raumkurve ist eine Strecke, mit der von einer ruhenden Szene ein der Aufnahme durch eine Flächenkamera entsprechendes Bild erzeugt wird. Vorteilhaft gegenüber Flächenkameras ist die bis um eine Zehnerpotenz höhere Auflösung, die für exakte Vermessungsaufgaben von Bedeutung sein kann.

Für diese Arbeit werden jedoch ausschließlich Flächenkameras benutzt, da die angestrebte Auswertung eine gleichzeitige Beobachtung mehrerer, auch bewegter Punkte im Raum notwendig macht. Der dazu erforderliche Abtastvorgang mit einer Zeilenkamera kann nur mit in der Regel nicht vertretbarem Zeitaufwand durchgeführt werden. Betrachtet werden also zweidimensionale Lichtintensitätsbilder von Schwarzweißkameras, sog. Graubilder. Die photogrammetrischen Überlegungen sind jedoch ohne Einschränkung auch für Farbkameras gültig. Allenfalls ist wegen des Farbmaskenrasters für den einzelnen Bildpunkt eine von der beobachteten Farbe abhängige Bildpunktkoordinate zu berücksichtigen.

Bei den *Aufnahmeprinzipien* kann heute zwischen Röhren-und Halbleiterkamera ausgewählt werden. Hier soll auf die klassische Röhrenkamera wegen ihrer abnehmenden Bedeutung nur kurz hingewiesen werden (ausführliche Beschreibungen finden sich in vielen Lehrbüchern zur digitalen Bildverarbeitung wie [BALL82], [GONZ77], [PRAT78] oder [SHIR87a]). Heutige Möglichkeiten der Halbleiterfertigung führen zu Bildaufnehmerchips, die bei vergleichbarer und zum Teil sogar besserer Auflösung einige für den industriellen Einsatz von Röhrenkameras wesentliche Nachteile aufwiegen können. Folgende Eigenschaften sprechen im einzelnen für den Einsatz von Halbleiterkameras:

- niedrigeres Gewicht der Halbleiterkameras
  (es fehlen Elemente wie Glaskolben, Ablenkspulen und Elektronenkanone)
- niedrigere Leistungsaufnahme
- nur geringes Nachleuchten (die Ladung wird nach jedem Bild vollständig ausgelesen)
- kein Einbrennen heller Lichtpunkte auf der fotoempfindlichen Schicht
- keine systematischen Geometriefehler durch Nichtlinearitäten im Ablenkgenerator
  (Fehler von 1-2% nach [JOBS85])
- unempfindlich gegen Magnetfelder

3.1 Die Entstehung des digitalen Videobildes

Zwei besonders häufig eingesetzte Halbleiterkameras, der MOS-XY- und der CCD-Sensor, sollen im folgenden kurz betrachtet werden.

3.1.1.2 Der MOS-XY-Sensor

Von statischen CMOS-Speicherchips wurde die Anordnung lichtempfindlicher Halbleiterelemente für den sog. MOS-XY-Sensor übernommen. Die Gate-Anschlüsse der MOS-Transistoren sind in jeder Zeile mit einer horizontalen Adreßleitung verbunden, während die Drain-Anschlüsse an eine vertikale Signalleitung geführt werden (Abbildung 3.1). Über ein vertikales und ein horizontales Schieberegister wird die auszulesende Zelle adressiert, die dann ihre Ladung über den Schalt-MOSFET an den Videoausgang bringt. Die Adressierung einzelner Fotodioden entspricht den bei CMOS-Speichern üblichen Adressierungsverfahren. Die Fertigung dieser Sensoren ist ebenfalls sehr ähnlich zu der von CMOS-Speichern und daher in gleichem Maße kostengünstig.

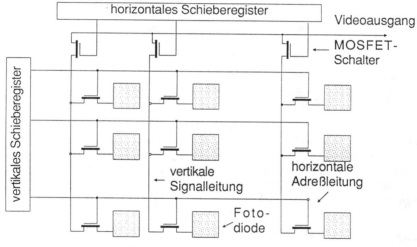

Abbildung 3.1: MOS-XY-Sensor

Ein weiterer Vorteil ist die einfache Realisierbarkeit einer direkten Ansteuerung von Bildpunkten. Es sind Bildaufnahmechips auf dem Markt, die einen wahlfreien Bildpunktzugriff auf den mit einer festen Schwelle binarisierten Intensitätswert über einen Mikroprozessorbus erlauben. Der Bildspeicher entspricht dabei unmittelbar der lichtempfindlichen Fläche.

3.1.1.3 Der CCD-Sensor

In den letzten Jahren haben sich bei den Halbleiterkameras verstärkt die ladungsgekoppelten Systeme (charge-coupled devices = CCD) durchgesetzt. CCDs ähneln einem Feld von MOSFETs (metal-oxide semiconductor field effect transistor), an denen

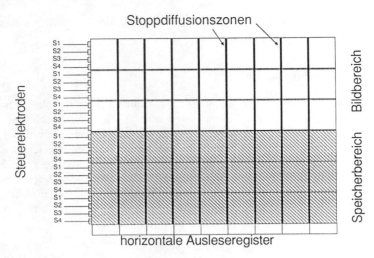

Abbildung 3.2: Frame-Transfer-Sensor

sich während der Belichtung über den Photoeffekt Ladungen ansammeln. Diese Ladungen werden wie in einem Schieberegister über ein Feld von enggekoppelten MOS-Kondensatoren bewegt. Dies geschieht in der vertikalen Austastlücke zwischen zwei Bildern mit Hilfe von Taktimpulsen, die an den Elektroden angelegt werden.

Am weitesten verbreitet ist dabei das sog. Frame-Transfer-Prinzip, bei dem die Ladungen aus dem lichtempfindlichen Teil vollständig in ein zweites gegen Lichteinfall abgeschirmtes CCD-Feld transferiert werden. Bild- und Speicherbereich sind zeilenweise von mehreren horizontalen Taktelektroden durchzogen, die den Transport der Ladungen in vertikaler Richtung ermöglichen (Abbildung 3.2). Die einzelnen CCD-Zellen sind spaltenweise organisiert und durch Stoppdiffusionszonen horizontal gegeneinander abgegrenzt.

Sensoren nach dem Frame-Transfer-Prinzip bieten gegenüber dem MOS-XY-Sensor eine größere optisch aktive Fläche und damit eine bessere Auflösung, da die Trennzonen zwischen den einzelnen lichtempfindlichen Bereichen kleiner ausgelegt werden können. Die Chipfläche kann dadurch kleiner gehalten werden, was durch die einfacheren Adressiereinheiten noch unterstützt wird.

Da während der Transferphase noch weiter Licht und damit Ladungen integriert werden, verwischen die weiter vom Speicherbereich entfernten Stellen. Außerdem können so sehr helle Lichtflecke an einzelnen Positionen zu Überstrahlungen ganzer Spalten führen. Für Vermessungen, wie sie in dieser Abeit entwickelt werden sollen, sind solche Aspekte wegen der hohen Abhängigkeit von der Positionsgenauigkeit der Aufnahme und von einem möglichst scharfen Abbild der Szene wichtig. Die Auswahl der richtigen Kamera im Zusammenspiel mit einer geeigneten Beleuchtung beeinflußt schon im Vorfeld die Leistungsfähigkeit des Vision-Systems.

3.1.1.4 Optische Randbedingungen

Es soll noch auf die vor den lichtempfindlichen Flächen der Kameras eingesetzte Optik eingegangen werden. Wie in der Kleinbildfotografie werden die Objektive durch ihre Brennweite und Lichtstärke charakterisiert. Wegen der in aller Regel aber kleineren Abmessungen der lichtempfindlichen Fläche der Videokameras (typisch 4mm × 6mm gegenüber Kleinbildformat: 24mm × 36mm) wird bei gleicher Brennweite des Objektivs ein geringerer diagonaler Bildwinkel erreicht.

Die Lichtstärke markiert bekanntlich die minimale Blendenzahl k_{min}, wobei die Blendenzahl k als das Verhältnis von wirksamen Blendendurchmesser d zur Brennweite f definiert ist. Die Helligkeit des Bildes verhält sich proportional zum Quadrat des wirksamen Blendendurchmessers und zur Belichtungszeit. Bei den meisten Videokameras entspricht die Belichtungszeit dem Kehrwert der Bildwiederholfrequenz, so daß hier die einstellbare Blende den einzigen mechanischen Einflußfaktor auf die Lichtmenge darstellt.

Seit 1988 werden auf dem Markt Videokameras mit einem elektronischen Verschluß angeboten. Diese ermöglichen erstmals einen direkten Einfluß auf die Belichtungszeit über einen an der Kamera einzuspeisenden Steuerimpuls, mit dem eine bis auf 0.25 ms verkürzte Belichtung realisiert werden kann. Die Bewegungsunschärfe bei der Aufnahme bewegter Objekte oder bei bewegter Kamera wird damit erheblich verringert.

Neben der Bewegungsunschärfe wirkt sich auch der Einfluß der Blendenöffnung auf die scharfe Abbildung eines Bildes aus. Der Entfernungsbereich, in dem die Szene, die auf einen bestimmten Wert a_0 scharf am Objektiv eingestellt wurde, noch scharf dargestellt wird, hängt nach [DOBR76] von der Brennweite f und vom Blendendurchmesser d ab. Läßt man eine maximale Unschärfe u auf der lichtempfindlichen Fläche zu, dann erscheint das Bild in einem Bereich $a_1 < a < a_2$ scharf. Für die Grenzen a_1 und a_2, die die sog. Schärfentiefe markieren, gelten:

$$\frac{1}{a_1} = \frac{1}{a_0} - \frac{u}{f \cdot d} \qquad \frac{1}{a_2} = \frac{1}{a_0} + \frac{u}{f \cdot d} \qquad (3.1)$$

Demnach ist bei vorgegebener maximaler Unschärfe u die Schärfentiefe, also die Differenz $a_1 - a_2$, um so größer, je kleiner Brennweite und Blendendurchmesser sind. Die maximale Unschärfe gewinnt bei der digitalen Bildverarbeitung eine neue Bedeutung. Während bei Filmmaterial im allgemeinen der Schärfeeindruck des menschlichen Auges und die Körnung des Filmmaterials bestimmend sind, spielt bei der Videokamera die Verteilung der Lichtstrahlen auf benachbarte Bildelemente eine Rolle. Eine niedrigauflösende Kamera hat somit wegen der größeren akzeptierten Unschärfe u eine höhere Schärfentiefe als eine hochauflösende.

Unabhängig vom aus geometrischen Überlegungen gewonnenen Maß für die Schärfentiefe muß berücksichtigt werden, daß der angenommene abrupte Helligkeitsübergang am Rand der Blende durch Beugung verschmiert wird. Dadurch nimmt, wie in [SCHU86] gezeigt wird, die durch Beugung bedingte Unschärfe entgegengesetzt, also mit kleinerer Blendenöffnung, zu. Es ist also immer eine Blende mit dem bestmöglichen Kompromiß zu finden.

Ein weiterer wichtiger Abbildungsfehler ist die Verzeichnung des Objektivs. Sie ist definiert als die Abbildungsmaßstabsänderung bezogen auf den Abstand zum Objektivmittelpunkt in der Bildebene und wird vom Gang der Lichtstrahlen durch mehrere Linsen verursacht. Eine Verzeichnungskorrektur ist bei manchen Objektiven für eine bestimmte Entfernung bereits vorgenommen. Fertigungsbedingt kann die Restverzeichnung immer rotationssymmetrisch angenommen werden und in einer weitergehenden rechnerischen Korrektur (siehe Kapitel 4) mitberücksichtigt werden.

3.1.2 Digitale Bildaufnahme

Nachdem im Abschnitt 3.1.1 verschiedene Einflüsse auf die Lichtintensitätsfunktion bis zur lichtempfindlichen Fläche des Sensors und die Erzeugung des Videosignals betrachtet wurden, soll nun die Umsetzung dieses Signals auf die rechnerinterne Darstellung verfolgt und bewertet werden. Die wichtigste Randbedingung besteht in der zeilenweisen Erzeugung des Videosignals. Die einzelnen Zellen einer Fotodiodenzeile der Videokamera werden zu einem analogen Signal zusammengefaßt, das innerhalb einer genormten Zeit ausgegeben wird. Die europäische CCIR-Norm und die amerikanische EIA-Norm (RS170) sehen eine Zeit von $64\mu s$ vor, um nach entsprechender Synchronisation in einem Fenster von $52\mu s$ die eigentliche Zeileninformation zu übertragen.

3.1.2.1 Die Modulationsübertragungsfunktion

Mit einem systemtheoretischen Ansatz läßt sich das Verhalten der einzelnen an der Bilderzeugung beteiligten Einheiten durch die sog. Modulationsübertragungsfunktion (MTF) beschreiben. Sie ist definiert als die Übertragungsfunktion eines optischen Systems für ein Bildmuster mit sinusförmiger Helligkeitsverteilung in Funktion der Ortsfrequenz dieser Verteilung ([REIM82]). Der Halbleitersensor selbst weist gegenüber der in Abschnitt 3.1.1 ideal angenommenen Lichtaufnahme und Ladungsweitergabe des Bildelements drei Effekte auf, die jeweils mit einer eigenen MTF bewertet werden sollen. Diese Effekte sollen hier nur genannt werden, um das Vertrauen in das übertragene Videosignal zu relativieren:

- *Geometrie-MTF:* Durch unterschiedliche Materialien an der Oberfläche einer Zelle ist die Oberfläche nicht gleichmäßig lichtempfindlich.

- *Diffusions-MTF:* Langwelliges Licht dringt tiefer in den Kristall ein und führt zur Erzeugung von Elektronen-Loch-Paaren im feldfreien Bereich, die so zu den benachbarten Zellen diffundieren können.

- *Auslese-MTF:* Die räumliche Trennung beim Transport der generierten Ladungen ist nie ganz perfekt. Besonders bei großen Ladungsmengen kann es zum "Überschwappen" der Ladungspakete über die Potentialbarrieren der benachbarten Pixel kommen.

Die dem Sensor nachgeschaltete Signalaufbereitung wirkt sich ebenfalls stark auf die Auflösung aus. Die Einflüsse im einzelnen können sein:

3.1 Die Entstehung des digitalen Videobildes

- Die Zusammenführung des Videosignals, das aus einzelnen, verzahnt an die CCD-Spalten angeschlossenen Ausleseregister generiert wird, kann zu Überlappungen führen.

- Für die Übertragung auf einem bandbegrenzten Fernsehkanal wird zur Vermeidung von Aliasing-Effekten ein Tiefpaß zwischengeschaltet.

- Eine automatische Verstärkungsregelung des Videosignals regelt in gewissen Grenzen die Helligkeitsschwankungen aus. Kommt der Verstärker in seinen nichtlinearen Bereich, ist ein zusätzlicher Rauschanteil zu beobachten.

Die Übertragung dieses Videosignals über ein Koaxialkabel zum Analog-Digital-Wandler des Bildspeichers hat keinen nennenswerten Einfluß auf das Signal. Das Problem der Ortsdiskretisierung muß als nächstes gelöst werden. Während die Unterscheidung der einzelnen Bildzeilen mit Hilfe der dem Videosignal beigemischten Synchronisationsinformationen möglich ist, erfolgt die Unterscheidung der Bildpunkte einer Zeile durch einen Abtaster.

Der Takt des Abtasters wird nach Erkennen des Zeilenanfangs durchgeschaltet und sorgt für die Abtastung in einem festen Raster. Die beigemischten Synchronisationssignale werden in der Regel wegen des hohen Regelungsaufwands nicht zur exakten Synchronisation ausgenutzt. Da Abtasttakt und Videosignal unkorreliert sind, ist der genaue Zeitpunkt der Abtastung innerhalb einer Periode des Abtasttaktes zufällig (Phasen-Jitter). Das führt insbesondere bei vertikalen Kanten zu unerwünschten Verschiebungen. Diesem Problem wird in einigen Systemen durch die externe Synchronisierung der Kamera mit einem aufgezwungenen Horizontal-und Vertikalsynchronsignal begegnet (Fremdsynchronisation der Kamera).

Das so abgetastete Videosignal wird dann in diskreten Stufen quantisiert. Im industriellen Bereich sind Quantisierungen von 1 bis 8 Bit üblich. Dem Analog-Digital-Wandler ist meist ein Vorverstärker mit getrennter Offset-und Verstärkungseinstellung zugeordnet, der bei falscher Einstellung, z.B. bei Betrieb im nichtlinearen Bereich, für einen weiteren Positionsfehler sorgt. Insbesondere bei kantenbezogener Verarbeitung der Bildinformation, wie sie im Abschnitt 3.2.1 eingeführt wird, kann bei ungünstiger Einstellung eine Verfälschung der Kantenposition um mehrere Pixel beobachtet werden ([HOLL88]).

3.1.2.2 Abschätzung des Bildaufnahmefehlers

Für die Abschätzung des gesamten Fehlers in der Bildaufnahmekette wurde folgendes Experiment durchgeführt:

Ein Frame-Transfer-Sensor (Kamera Philips LDH 0600 mit dem Sensor NXA 1010 der Fa. Valvo) nimmt eine mit Durchlicht (Gleichstromhalogenlicht) beleuchtete Kante eines hochgenau gefertigten Werkstücks (Toleranz $\pm 10 \mu m$) senkrecht auf. Vom Objektiv (Xenoplan 1:1.7 / 17mm der Fa. Schneider) ist die MTF und die maximale Verzeichnung von 0.3 % bekannt. Die MTF der Beugung ergibt sich zu $MTF_{Beug}(\nu) = 1 - \frac{\lfloor \nu \rfloor}{\nu_g}$ (nach [LIYO88]) mit einer Grenzfrequenz $\nu_g = 37.6\ MHz$. Die Beleuchtungsstärke wurde auf die automatische Verstärkungsregelung optimal angepaßt und eine Blendenzahl von 4 eingestellt, so daß an keiner Stelle im Bild eine Überstrahlung auftrat. Die Kamera wurde mit einer zentralen Taktfrequenz synchronisiert und der Analog-Digital-Wandler mit seinem vollem Dynamikbereich von 8 Bit symmetrisch ausgesteuert (Bildspeicherplatine PPI der Fa. ELTEC). Dann ergibt sich die in Abbildung 3.3 dargestellte Gesamtübertragungsfunktion, die sich aus der Multiplikation der einzelnen Übertragungsfunktionen zusammensetzt:

$$MTF_{Ges}(\nu) = MTF_{Beug}(\nu) \cdot MTF_{Obj}(\nu) \cdot MTF_{Sensor}(\nu) \cdot MTF_{TP}(\nu) \qquad (3.2)$$

An der graphischen Darstellung der MTF erkennt man zunächst den entscheidenden Einfluß des Tiefpasses, der die beiden Pole bei 3.8 und 5.2MHz verursacht. Die 3dB-Grenze bei 1.4MHz relativiert darüberhinaus die für einen Fernsehkanal angegebene Grenzfrequenz von 5MHz. Für eine Auflösung von 512 Punkten in diesem Zeilensignal hätte nach dem Abtasttheorem eine Grenzfrequenz ν_g von 5MHz bei einem Abtastintervall von $\frac{1}{2\cdot\nu_g}$ = 100ns zur Verfügung stehen müssen. Das bedeutet, daß der getestete Sensor neuester Technologie mit über 600 Bildpunkten in der Zeile gerade eine Auflösung von etwa der Hälfte der Bildpunkte erwarten läßt.

Bei vielen Abtastsystemen wird eine Überabtastung des Zeilensignals vorgenommen. Das ist zum einen dadurch begründet, daß viele, meist ältere, Sensoren nur über eine geringere Anzahl aktiver Bildpunkte verfügen und trotzdem ein der Fernsehnorm entsprechender aufgelöster Bildspeicher gefüllt werden muß. Zum anderen haben die meisten CCD-Sensoren rechteckige Bildelemente, die durch geeignete Abtastung in ein Feld quadratischer Bildpunkte im Bildspeicher übertragen werden.

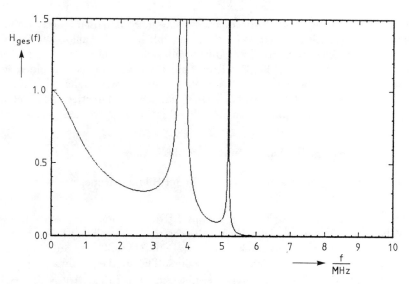

Abbildung 3.3: Gesamtübertragungsfunktion des Aufnahmesystems

Wie sich gezeigt hat, kann die tatsächliche Auflösung des digitalisierten Bildes um den Faktor 2 bis 4 unter der durch den Chip gegebenen liegen. Trotzdem zeigen verschiedene Autoren ([JOBS85], [SCHU86], [REIM82], [LIYO88] und [HOLL88]), wie beispielsweise die relative Lage einer ideal aufgenommenen Kante mit geeigneten Kantenmodellen auch in Bruchteilen von Bildpunkten angegeben werden kann. Diese Verfahren lassen sich zwar nicht zur Analyse unbekannter Szenen einsetzen, es ist aber möglich, das bekannte und gleichbleibende Aussehen von Objektpunkten (z.B. Markierungen wie den Leuchtdioden des Kalibrationskörpers aus Kapitel 4) zur Verbesserung der Positionsgenauigkeit auszunutzen.

Eine wichtige Voraussetzung für die Vermessung mit Hilfe von Videokameras ist also die Beachtung der in Abschnitt 3.1 genannten Randbedingungen. Für die im folgenden durchgeführten Untersuchungen wurde Bildmaterial benutzt, das sorgfältig ausgeleuchtet und mit CCD-Kameras unter Berücksichtigung der genannten optischen und elektrischen Kennwerte aufgenommen wurde.

3.2 Lokalisierbare Bildelemente

Ein wichtiges Ziel der ersten Bearbeitung des Graubildes ist die Gruppierung lokaler Bildinformationen zu Elementen, die in den folgenden Stufen zu einer inhaltlichen Analyse benutzt werden können. Die Einbeziehung nur lokaler Information ist dabei prinzipiell anzustreben, da sie die für den Entwurf geeigneter Rechnerstrukturen wichtige algorithmische Einfachheit fördert. Die mit einem solchen Vorgehen erreichte Datenreduktion vom Lichtintensitätsbild zu den Bildelementen hat auch technologische Gründe, da die meisten der hier zur räumlichen Modellierung notwendigen Operationen aus Zeitgründen nicht auf allen Punkten eines Graubildes ausgeführt werden können.

Die Reduktion der Graubildinformation besteht in einer Kodierung, die nur noch solche Bildpunkte berücksichtigt, an denen eine Änderung beobachtet wird. An diesen Stellen werden dann Stützwerte mit ihren dreidimensionalen Eigenschaften notiert und als räumliche Elemente in die Szenenskizze übertragen.

Bei dieser Strategie hat eine der Marrschen Theorien Pate gestanden. Hierbei geht man vom Vorhandensein räumlicher Kontinuität und von der Kontinuität räumlicher Diskontinuitäten aus ([MARR82]). Dabei wird angenommen, daß sich die beobachteten Eigenschaften im Raum zunächst nur langsam ändern. Tritt in den Eigenschaften eine Diskontinuität erster Ordnung auf, also eine Unstetigkeit im Grauwertverlauf z.B. in Form einer Objektkante, so ist deren Verlauf bis auf wenige Ausnahmen ebenfalls kontinuierlich. Eine Diskontinuität zweiter Ordnung, d.h. eine Unstetigkeit im Verlauf einer Diskontinuität erster Ordnung, z.B. ein Eckpunkt, ist ein markanter Punkt der Szene. Diese Stellen können dann als Stützpunkte für 3D-Positionen und Oberflächenorientierungen benutzt werden.

Das Ziel der Lokalisierung besteht nun darin, Diskontinuitäten erster Ordnung als Grauwertkanten und solcher zweiter Ordnung als sog. markante Punkte zu suchen. Die Grauwertkanten werden zu Konturen gruppiert und durch weitere Untersuchung den hier untersuchten Sonderfällen Polygon oder Ellipse zugeordnet. Eine Klassifizierung nach der Konturform ermöglicht so unter bestimmten Umständen eine perspektivische Entzerrung, die einen wichtigen Schritt für die monokulare dreidimensionale Lokalisierung darstellt.

Nicht betrachtet werden Verfahren wie die Grauwertsegmentierung, die Kontinuitäten herausarbeiten. Sie zeichnen sich häufig durch die nichtreguläre Einbeziehung eines jeden Bildpunktes und iterative oder rekursive Berechnungen aus. Dieser stark bilddatenabhängige Berechnungsaufwand erfüllt nicht die rechentechnischen Randbedingungen für die Echtzeitfähigkeit von Algorithmen (siehe Abschnitt 2.3.1).

3.2.1 Konturerzeugung

Konturen werden in dieser Arbeit als eine Folge von Kantenpunkten im Bild aufgefaßt. Ihre Extraktion aus dem Graubild geht in der Regel zweiphasig vor sich: zuerst wird ein Operator auf jeden Punkt des Bildes angewandt, der die Wahrscheinlichkeit der Zugehörigkeit zu einer Kante bestimmt. Dann werden Punkte mit hoher Wahrscheinlichkeit entlang einer Kurve aufgesammelt und als Kontur abgespeichert. Die erste Phase wird im folgenden mit *Konturerzeugung* bezeichnet und in diesem Abschnitt abgehandelt, während die zweite Phase *Konturverfolgung* genannt wird und Gegenstand des Abschnitts 3.2.2 ist.

3.2.1.1 Gradientenoperatoren

Im allgemeinen Fall kann das Vorhandensein einer Kante aus dem Grauwert alleine nicht vorhergesagt werden. Daher wertet eine Klasse von konturerzeugenden Operatoren (Kantenfilter) den ortsbezogenen zweidimensionalen Grauwertgradienten in einem Bild aus. Diskrete Näherungen des Gradienten werden in der Literatur bereits seit Anfang der sechziger Jahre ([ROBE65]) behandelt. Sie benutzen eine Faltung des Grauwertbildes mit einer Maske, die zwischen 2×2 und 5×5 Bildpunkte groß ist und in der Regel auf der Bildung von gerichteten Differenzen in der Bildpunktnachbarschaft basiert. Durch Auswertung des Verhältnisses von orthogonalen Differenzen (z.B. in Richtung des Bildpunktrasters) läßt sich außerdem eine lokale Richtung der Kante ermitteln.

Von einigen Autoren werden seit den siebziger Jahren verschiedene Faltungsmasken und verwandte Verfahren vorgeschlagen, die für die jeweilige nachgeschaltete Auswertung optimiert wurden. Schneider stellt in [SCHN89] ein parallel zu dieser Arbeit entstandenes Bewertungsschema vor, das insbesondere die Richtungsempfindlichkeit der einzelnen Verfahren berücksichtigt. Ein Ergebnis dieser Untersuchung ist, daß für Anwendungen, in denen ein richtungsunabhängiger Gradientenbetrag wichtig ist, auf die genaue Berechnung des Gradienten nicht verzichtet werden kann. Der Gradientenbetrag in einer nicht zum Raster parallelen Richtung kann sonst in Extremfällen bis zu 50 % Fehler aufweisen. Eine in diesem Zusammenhang kritische Anwendung ist insbesondere die unten diskutierte Konturverfolgung, die das Ziel hat, eine Kante geschlossen als Punktliste darzustellen.

3.2.1.2 Template-matching-Operatoren

Eine weitere Methode zur Extraktion von Konturpunkten ist mit dem Gradientenverfahren insoweit verwandt, als daß sie sich in der Regel auch durch zweidimensionale Faltung des Eingangsbildes mit einer oder mehreren Masken darstellen läßt. Diese Methode wird wegen ihres angestrebten Vergleichs eines jeden Bildpunktes mit dem Idealmuster eines bestimmten Bildelements "Template matching" ([HALL79]) genannt. Beispiele für solche Elemente sind isolierte Punkte, Kanten, Linien und isolierte kleine Regionen, sog. Blobs (Abbildung 3.4).

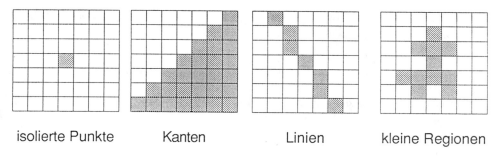

isolierte Punkte   Kanten   Linien   kleine Regionen

Abbildung 3.4: Beispielmuster von Bildelementen

Rotationssymmetrische Muster, wie das des Punktes, können durch Faltung mit einer einzigen Maske gefunden werden. Entsprechend der erwarteten Ausdehnung des Punktes auf dem Bild wird man die unterschiedlichen Grauwerte des Punktes und seiner Umgebung durch verschiedene Vorzeichen bei den Koeffizienten der Faltungsmaske berücksichtigen. Es entspricht somit dem aus der Nachrichtentechnik bekannten "Matched filter" oder Korrelationsfilter.

Kanten und Linien sind nicht mehr rotationsinvariant, so daß der Vergleich mit einem Muster alleine nicht ausreicht. Mit einer angemessenen Aufteilung in diskrete, erwartete Musterorientierungen erfolgt ein Vergleich mit mehreren jeweils gedrehten Mustern. Frei und Chen ([FREI77]) schlugen ein orthogonales System von 9 neundimensionalen Vektoren für eine vollständige Basis aus 3×3-Masken vor. Jeweils vier Masken berücksichtigen einen Unterraum zur Kanten-und Linienfindung, während eine Maske gleichförmige Bereiche hervorhebt.

Zur schnellen Bestimmung des Merkmals "Bildpunkt gehört zu einer Kante" eignen sich die Gradienten-Masken nach Sobel, die ursprünglich nur die kartesischen Komponenten des Grauwertgradienten zum Ergebnis haben. Erweitert man den Maskenvorrat um gedrehte Sobel-Masken in Richtung $\frac{\pi}{4}$ und $\frac{3\pi}{4}$, so erhält man Muster von Idealkanten in vier Richtungen (Abbildung 3.5).

Die Abschätzung von Gradientenbetrag und Gradientenrichtung α erfolgt durch Auswahl der betragsgrößten Maskenantwort bzw. durch Umrechnung seines Indexes. Um die Orientierung auch im Bereich $\pi \leq \alpha < 2\pi$ abschätzen zu können, muß dazu noch das Vorzeichen der betragsmäßig größten Maskenantwort berücksichtigt werden. Eine

1	2	1
0	0	0
-1	-2	-1

2	1	0
1	0	-1
0	-1	-2

-1	0	1
-2	0	2
-1	0	1

0	1	2
-1	0	1
-2	-1	0

Betragsgrößte Maskenantwort entspricht abhängig vom Vorzeichen einer Kante in Richtung:

neg.: 0°   neg.: 45°   pos.: 90°   pos.: 135°
pos.: 180°   pos.: 225°   neg.: 270°   neg.: 315°

Abbildung 3.5: Template matching für Kantenpunkte

Gradientenrichtung wird dann in Richtung des höheren Grauwerts definiert. Die Kantenrichtung φ steht senkrecht zur Gradientenrichtung und wird so angenommen, daß der Grauwert rechts der Kante immer größer oder gleich dem Grauwert links der Kante ist.

Die Kantenrichtung kann also über ein Gradientenverfahren oder einen Templatematching-Algorithmus gewonnen werden und ist ein wichtiger Eingangswert für die nachfolgende Bearbeitung der Kantenpunkte. Bei einer Konturverfolgung wird über diese Richtung der Suchraum für den nächsten Punkt eingeschränkt, während bei Transformationen, wie der Hough-Transformation, eine richtungsbezogene Auswertung der Kanten angestrebt und so eine Verminderung des Rechenaufwands bei gleichzeitiger Erhöhung des Signal-Rauschverhältnisses erreicht wird.

3.2.1.3 Zero-Crossing-Operatoren

Als dritte und in diesem Zusammenhang letzte Möglichkeit der Kantenextraktion sollen noch Verfahren betrachtet werden, die nicht die Extrema der ersten Ableitung der Grauwertfunktion sondern die Nullstellen der zweiten Ableitung berücksichtigen. Diese sog. Zero-Crossing-Operatoren ([MARR80]) liefern die Stellen des steilsten Anstiegs der Grauwertfunktion und somit Kantenzüge, die nur einen Bildpunkt breit sind.

Das Gradientenextremum wird also analytisch durch Differentiation bestimmt. Die zweite Ableitung nach dem Ort wird durch den Laplaceoperator ausgedrückt und entspricht in der diskreten Version wieder einer Faltungsmaske. Sei $g(i,j)$ der Grauwert an der Stelle (i,j) im Bild, dann wird das Ergebnis des Laplace-Operators abgeschätzt mit

$$\nabla^2 g(i,j) \approx g(i-1,j) + g(i+1,j) + g(i,j-1) + g(i,j+1) - 4 \cdot g(i,j). \qquad (3.3)$$

Der Operator liefert in unmittelbarer Nachbarschaft einer Kante zwei entgegengesetzte Spitzen, zwischen denen ein Nulldurchgang ausgemacht werden kann. Isolierte Punkte antworten mit einem besonders hohen Wert, womit auch das schlechte Verhalten des

3.2 Lokalisierbare Bildelemente

Operators bei hochfrequent verrauschten Bildern erklärt werden kann. Verrauschte Bilder enthalten beispielsweise einzelne gestörte Punkte, die gegenüber ihrer Nachbarschaft im Grauwert hervorgehoben sind.

Marr und Hildreth ([MARR80]) suchten nach Methoden, um diese Störungen bei verrauschten Bildern kontrolliert zu unterdrücken. Dies wird zunächst durch einen Glättungsoperator erreicht, der die Grauwerte aus der Umgebung abhängig von der Entfernung zum Operatormittelpunkt mittelt. Je größer die berücksichtigte Umgebung angenommen wird, um so ausgedehnter können sowohl Störungen als auch Bilddetails sein, die unterdrückt werden. In [MARR80] wird eine Gaußsche Normalverteilung der Maskenkoeffizienten angenommen, die einige angenehme und analytisch nachweisbare Eigenschaften hat. Betrachtet man die Anwendung des Laplaceoperators auf ein solcherart geglättetes Bild, dann kann wegen der Linearität des Laplace-und des Gauß-Operators von der Assoziativität Gebrauch gemacht werden. Es gilt also Gl. (3.4).

$$\nabla^2[G \star g(i,j)] = [\nabla^2 G] \star g(i,j) \qquad (3.4)$$

Das mit dem Gauß-Operator geglättete Graubild $G \star g(i,j)$ wird also dadurch Laplacetransformiert, daß $g(i,j)$ mit der Laplace-Transformierten des Gauß-Operators gefaltet wird. Einen Querschnitt durch den rotationssymmetrischen Operator zeigt Abbildung 3.6a. Der Einflußbereich des Operators kann durch den Abstand w_G zwischen den Nulldurchgängen charakterisiert werden. Er kennzeichnet den kreisförmigen Bereich N mit $\frac{-w_G}{2} \leq \rho \leq \frac{w_G}{2}$, der zunächst gewichtet gemittelt und dann vom ebenfalls gewichtet gemittelten Bereich P mit $|\rho| > \frac{w_G}{2}$ abgezogen wird.

Je größer w_G also ist, um so größer sind die Details, die durch den Operator unterdrückt werden. Da gleichzeitig aber eine Differenzbildung stattfindet, kann man, was auch die Fourieranalyse des Filters bestätigt, von einem zweidimensionalen räumlichen Bandpaß für das Bildsignal sprechen. Trägt man einen Querschnitt durch das wiederum rotationssymmetrische Spektrum über den Abstand vom Ursprung im zweidimensionalen Frequenzbereich (u,v) auf (Abbildung 3.6b), so ergibt sich eine deutliche Bevorzugung eines Bereichs mit einer Mittenfrequenz, die nur von der Standardabweichung σ der Gaußoperatormaske abhängt ([SHIR87a]).

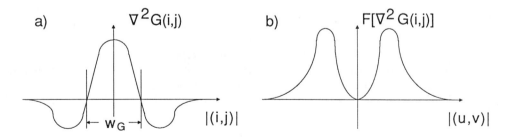

Abbildung 3.6: Querschnitt durch $\nabla^2 G(\rho)$ und $\mathcal{F}\{\nabla^2 G(\rho)\}$

Durch Wahl verschieden großer σ können also entsprechend der Größe des Einflußbereiches verschiedene Spektralbereiche der Raumfrequenz ausgefiltert werden. Das Ergebnis sind Regionen positiver oder negativer Operatorantworten, die durch Nulldurchgänge voneinander separiert werden. Die Nulldurchgänge stellen immer geschlossene Konturen dar, was sich für die unten beschriebenen Auswertungen als besonders vorteilhaft erweisen wird.

Die Nulldurchgänge können ohne großen Aufwand durch binäre Masken detektiert werden. Legt man beispielsweise fest, daß der Konturpunkt immer am Rand eines positiven Operatorergebnisses gesetzt werden soll, dann ergeben sich für diesen Fall in einem 3×3 Fenster 256 Möglichkeiten, wie die Nachbarpunkte auf positive und negative Bereiche verteilt sein können. Durch eine Tabelle kann a-priori für jede dieser Kombinationen festgelegt werden, ob ein Konturpunkt oder ein Punkt aus dem Inneren der Region vorliegt. Mit diesem Verfahren ist es auch einfach möglich, isolierte positive Punkte, die auch durch eine solche Kombination beschrieben werden können, auszufiltern.

Auf welchem Weg die Konturen geschlossen werden, entspricht nicht immer dem realen Kantenverlauf der Objekte. Insbesondere an Kanten mit schwachen Grauwertgradienten ergeben sich Probleme, denen durch ein Vertrauensmaß auf der Basis eines der vorgestellten Gradientenverfahren Rechnung getragen werden kann. Die allen drei Kantenextraktionsverfahren zugrundeliegende Faltung ist wegen ihrer regulären Struktur besonders gut für die Realisierung eines Spezialrechenwerks geeignet, das schritthaltend eine differentielle Datenreduktion im Sinne des Marrschen "Raw primal sketch" durchführen kann.

3.2.2 Konturverfolgung

Aus den bis hierhin lokal ermittelten Merkmalen soll im folgenden auf geordnete Strukturen im Bild, die sich durch Kettung der isoliert hervorgehobenen Punkte ergeben, geschlossen werden. Es sind dabei zwei Ansätze zu unterscheiden. Der erste setzt auf der Gradientenberechnung im Grauwertbild auf und sammelt auch bei unterbrochenen Konturen die einzelen Punkte nach einem Optimalitätskriterium auf. Auf Verfahren dieser Art soll hier nicht weiter eingegangen werden, sie sind ausführlich in [SCHN89] behandelt sind.

Der zweite Ansatz geht von einer vorsegmentierten Situation aus und übernimmt die Punkte entlang einer wohldefinierten Grenze. Hierfür geeignete Verfahren sind beispielsweise durch den oben eingeführten Laplace-Gauß-Operator gegeben, bei dem durch eine Gratwanderung orthogonal zum steilsten Grauwertabfall an der Grenze zwischen Bereichen mit positivem und mit negativem Operatorergebnis immer eine geschlossene Kontur vorgefunden wird. Binärbilder oder durch ein Grauwertsegmentierungsverfahren aufgeteilte Bilder können gleichwertig für diesen Ansatz verwandt werden.

3.2.2.1 Contour tracing

Ein Verfolgungsalgorithmus für den o.g. zweiten Ansatz stammt von Pavlidis und soll im folgenden kurz erläutert werden ([PAVL82]: "contour tracing").

3.2 Lokalisierbare Bildelemente

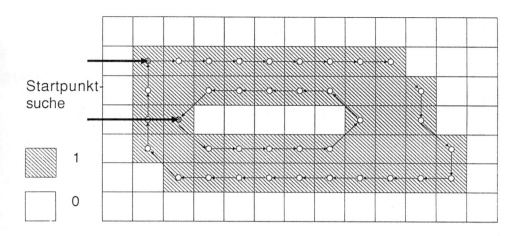

Abbildung 3.7: Contour tracing

Gegeben sei ein Binärbild mit hellen Objekten (Grauwert = 1) und dunklem Hintergrund (Grauwert = 0). Dann geht der Verfolgeralgorithmus in zwei einander ablösenden Phasen (Abbildung 3.7) folgendermaßen vor:

1. *Abtasten:* Zeilenweise, beginnend am linken oberen Bildrand, bis ein noch nicht markierter 0/1-oder 1/0-Übergang festgestellt wird.
   0/1-Übergang = Startpunkt Außenkontur: Verfolgen rechts
   1/0-Übergang = Startpunkt Innenkontur: Verfolgen links

2. *Verfolgen:* Ausgehend vom Startpunkt wird der aktuelle Punkt als bereits gefunden markiert, dann der Nachbarschaftsbereich auf den Folgepunkt abgesucht, dieser eingetragen und zum neuen Ausgangspunkt gemacht.
   Diese Phase terminiert und geht über in die erste Phase einer erneuten Startpunktsuche, wenn wieder auf einen markierten Punkt getroffen wird und damit die Kontur geschlossen ist.

3.2.2.2 Modifizierte Startpunktsuche

Die exakte Implementierung des Algorithmus führt bei größeren Bildern zu hohen Rechenzeiten, da Bildpunkte sequentiell untersucht werden müssen und eine Parallelisierung nicht offensichtlich ist. Die Konturpunkte machen in der Regel nur einen geringen Teil der gesamten Bildpunktzahl aus. Dieses Verhältnis spiegelt sich dann auch in der Rechenzeit der beiden Phasen wieder: Bildpunkte werden vorwiegend abgetastet und nur in geringem Maße verfolgt.

In der hier durchgeführten Implementierung wurde die hohe Abtastzeit durch ein gröberes Raster stark vermindert. Abhängig von der Mindestgröße der im Bild erwarteten Objekte wird nur noch jede n-te Zeile und n-te Spalte adressiert und auf einen

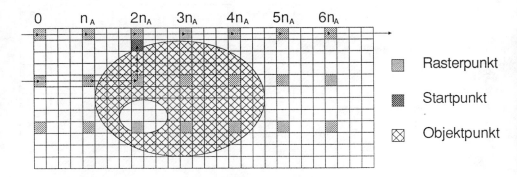

Abbildung 3.8: Modifizierte Startpunktsuche

Objektpunkt abgefragt. Wird ein solcher Punkt vorgefunden, muß der Konturstartpunkt durch Wandern zum Rand des Objekts festgelegt werden (Abbildung 3.8). Die Verfolgung geschieht dann nach dem von Pavlidis vorgeschlagenen Muster.

Der Zeitgewinn des modifizierten Verfahrens ist proportional n_A^2, wenn n_A die Maschenweite des Abtastrasters ist. Dieser Gewinn muß allerdings mit einem erhöhten Aufwand für die Überprüfung auf Zugehörigkeit eines Rasterpunktes zu einem Objekt bezahlt werden. Jedoch werden im Mittel nur $\frac{n_A}{2}$ Abtastschritte notwendig sein, um einen eventuell schon markierten Konturpunkt zu finden und die Markierung zu identifizieren. Zum Auffinden der Innenkonturen muß auch über die Maschenweite des Rasters hinweg das Auftreten von 0/1-und 1/0-Übergängen berücksichtigt werden. Diese makroskopischen Übergänge ergeben analog zur einfachen Objektpunktprüfung Hinweise zur Lage der Löcher.

Wenn auch die vorgeschlagene Modifikation eine je nach Bildmaterial bis zu 90% kürzere Rechenzeit zur Folge hat, steht die streng sequentielle Ausführung und der für eine spezielle Hardware zu aufwendige Algorithmus der modifizierten Version einer beliebigen Steigerung des Durchsatzes entgegen. Daher wird sich auf Dauer nur ein Verfahren durchsetzen, das direkt aus dem Videosignal die Konturen extrahiert. So schlagen Lunscher und Beddoes ([LUNS87]) hierfür ein zweiphasiges Prinzip vor, bei dem während der Bildaufnahme alle Übergänge erfaßt und gesteuert vom Zusammenhang der Regionen in einer 3 × 3 Umgebung mit dem Merkmal "innere" oder "äußere" Kontur belegt werden können. Die parallel erfolgende Berechnung der Eulerzahl des Bildes ermöglicht die Feststellung von bis dahin geschlossenen Konturen bereits am Ende jeder Bildzeile während der Aufnahme. Jeweils nach Erkennen der geschlossenen Kontur können von einem Stapelspeicher die bis dahin aufgelaufenen Konturpunkte dieser Kontur abgerufen werden.

Für die in dieser Arbeit dargestellten Problemstellungen kann neben dem hier beschriebenen auch der von Schneider entwickelte Gradientenfolger ([SCHN89]) benutzt werden. Es hängt vom Kontrast des zu bearbeitenden Bildmaterials ab, ob der aufwendigere, dafür aber robustere Gradientenfolger oder der auch ohne Spezialprozessoren recht effizient realisierbare Segmentgrenzenfolger eingesetzt wird.

3.2.3 Erfassung von Polygonen

Nachdem in den vorangegangenen Abschnitten Verfahren erarbeitet wurden, die kontrastreiche Berandungen aus einem Videobild in ausreichender Qualität hervorheben und extrahieren, beschäftigen sich die folgenden Abschnitte mit Verarbeitungsschritten zum Gruppieren der Konturpunkte in geradlinige und ellipsenförmige Bereiche. In industriellen Szenen ist eine solche Vorgehensweise sinnvoll, weil eine Vielzahl der betrachteten Objekte prismatische oder kreisförmige Grundformen haben und sich diese bei der perspektivischen Transformation in geradlinige oder elliptische Berandungen übertragen.

Die Ermittlung geradliniger Strukturen läßt sich mit unterschiedlichem Aufwand und Ergebnis entweder aus den Gradientenbildern oder aber aus den durch Verfolgung verketteten Konturinformationen gewinnen. Beide Möglichkeiten sollen kurz vorgestellt, ihre aktuelle Implementierung diskutiert und auf einige wichtige Verbesserungen eingegangen werden.

3.2.3.1 Die Hough-Transformation

Das klassische Verfahren zur Detektion kollinearer Bildpunkte ist die nach dem Patent von Hough aus dem Jahre 1962 benannte klassische Hough-Transformation, die in der Regel nach den Vorschlägen von Duda und Hart ausgeführt wird ([HOUG62], [DUDA72]). Bei dieser Transformation werden alle Punkte, die aufgrund eines geeigneten Kriteriums wahrscheinlich zu einer Kontur gehören, in den sog. Hough-Raum transformiert, indem alle möglichen Geraden, die durch den betrachteten Konturpunkt (i,j) laufen, dort eingetragen werden. Kollineare Bildpunkte werden häufiger einen Eintrag bei der sie verbindenden Geraden vornehmen und dadurch ein lokales Maximum im Hough-Raum bilden. Die Extraktion der Geradenstücke geschieht somit durch Auffinden genügend großer Einträge im Hough-Raum.

Für die Einträge wird die Hessesche Normalenform verwendet, da diese Darstellung mit zwei Parametern r für den Abstand der Geraden zu einem Bezugspunkt und φ für den Winkel zwischen dem Abstandsvektor und Bezugsachse auskommt. Der Hough-Raum wird für eine Implementierung in einem Digitalrechner diskret realisiert, indem jedem diskreten (r,φ)-Wert ein Element eines zweidimensionalen Hough-Feldes zugeordnet wird. Das Feldelement heißt Hough-Akkumulator.

Die Schrittweite des Abstandes r hängt vom maximal zu erwartenden Abstand r_m ab, der im allgemeinen der Bilddiagonalen entspricht, und beträgt ein Vielfaches des Bildpunktabstandes. Die erforderliche Quantisierung $\Delta\varphi$ der Geradenrichtung φ wird von der Aufgabenstellung vorgegeben und beeinflußt im wesentlichen den Rechenaufwand für die Transformation.

Ausgegangen wird von einem Bild der Größe $i_m \cdot j_m$ Bildpunkte, das als Punktinformation jeweils eine Wahrscheinlichkeit $p_k(i,j)$ dafür enthält, daß der Bildpunkt mit den Koordinaten (i,j) zu einer Kontur gehört. Ein solches Konturbild kann beispielsweise durch einen wie in Abschnitt 3.2.1 beschriebenen konturerzeugenden Operator aus einem Graubild zur Verfügung gestellt werden. Es muß dann abhängig vom gewählten

Verfahren zur Konturpunktauswahl ein geeigneter Schwellwert p_h für $p_k(i,j)$ gefunden werden. Der Algorithmus in der von Duda und Hart ([DUDA72]) vorgeschlagenen Form läuft dann wie folgt ab:

Gegeben sei ein zu Beginn zu Null gesetztes Hough-Feld $H(\bar{r}, \bar{\varphi})$ mit den Indizes

$$\bar{r} = 0, 1 \ldots \lceil r_m \rceil \quad \text{mit } r_m = \sqrt{i_m^2 + j_m^2}$$

und

$$\bar{\varphi} = -\left\lceil \frac{\varphi_m}{2} \right\rceil \ldots -1, 0, 1 \ldots \lceil \varphi_m \rceil \quad \text{mit } \varphi_m = \frac{\pi}{\Delta\varphi}$$

Für alle Bildpunkte mit der Koordinate (i, j), an denen $p_k(i, j) > p_h$ gilt, werden jeweils Hough-Akkumulatoren mit den Indizes (r_k, φ_k) inkrementiert. Die Indizes (r_k, φ_k) gehorchen jeweils der Bestimmungsgleichung

$$r_k = \lceil (i \cdot \cos\varphi_k + j \cdot \sin\varphi_k) \rceil \tag{3.5}$$

wobei φ_k alle ganzzahligen Werte zwischen $\left\lceil \frac{\varphi_c - \frac{\pi}{2}}{\Delta\varphi} \right\rceil$ und $\left\lceil \frac{\varphi_c + \frac{\pi}{2}}{\Delta\varphi} \right\rceil$
mit $\varphi_c = \arctan(j/i)$ annimmt.

Kollineare Punkte akkumulieren also jeweils einen Beitrag an der Stelle (r_k, φ_k) der durch diese Punkte führenden Geraden, während die anderen Akkumulatoren des Hough-Raums seltener erhöht werden. Da der Algorithmus für jeden Konturpunkt des Bildes in dieser Weise verfährt, werden durch hohe Anhäufungen die Geraden im Hough-Raum markiert, in deren Verlauf entsprechend viele Konturpunkte aufgefunden wurden. Der in einem Akkumulator vorgefundene Wert entspricht der entlang der zugehörigen Bildgeraden aufgesammelten Konturpunkte.

Abgesehen vom durch die trigonometrischen Funktionen verursachten Berechnungsaufwand, der in einer effizienten Implementierung durch die Anlage entsprechender Tabellen begrenzt werden kann, ist durch die klassische Hough-Transformation ein Übergang von einem minimal und nur lokal vorverarbeiteten Bild auf globale Zusammenhänge wie Geraden möglich. Bei der Bearbeitung realen Bildmaterials wird man allerdings doch noch auf einige Probleme aufmerksam.

Die Transformation alleine stellt nur den wie oben berechneten Parameterraum zur Verfügung, in dem die einzelnen Akkumulatoren noch geeignet ausgewertet werden müssen. Dominante Geraden werden dabei recht einfach entdeckt, jedoch ist das *Signal-Rausch-Verhältnis* durch die Berücksichtigung aller Konturpunkte und die fehlende Einschränkung der möglichen Geraden durch einen Punkt nicht optimal. Diesem Effekt kann durch Vorauswahl der in den Hough-Raum übertragenen Beiträge, etwa durch Einbezug lokaler Richtungsinformation, entgegengewirkt werden ([MEIS87], [CELL88]).

3.2 Lokalisierbare Bildelemente

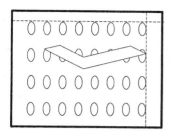 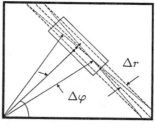 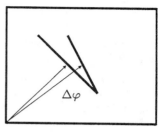

Pseudogeraden 　　　　Breite Linien 　　　　Stumpfe / spitze Winkel

Abbildung 3.9: Kritische Situationen bei klass. Hough-Transformation

Für einige andere Einschränkungen der Hough-Transformation ist keine einfache Abhilfe möglich (siehe dazu Abbildung 3.9). So führt die Transformation *breiter Linien* zu breitgezogenen Maxima im Hough-Raum, da es eine ganze Reihe leicht verschobener ($r_k + \Delta r$) und leicht verdrehter ($\varphi_k + \Delta \varphi$) Geraden gibt, die den gesamten oder einen Teilbereich der breiten Linie durchqueren. Das relative Maximum dieses Bereichs kann dann nicht als Parameter für die Linie ausgewertet werden, da die Beiträge in Diagonalrichtung durch den breiten Linienbereich einen höheren Betrag aufsummieren.

Spitz oder *stumpf* aufeinander *zulaufende Geradenstücke* werden ebenfalls nicht optimal dargestellt, da sich deren Positionen im Hough-Raum nur minimal unterscheiden und die jeweiligen Beiträge zu einem Maximum verschmelzen. *Gekrümmte Linien* werden allgemein zu Verteilungen über größere Bereiche transformiert, aus denen sich kein klares Maximum ableiten läßt.

Von der Hough-Transformation betonte kollineare Punktgruppen sind aber auch unterbrochene Linienstücke, die von unabhängigen Konturen oder aber durch eine Textur gebildet wurden. Gerade die letztgenannten Punkte erfüllen keineswegs die Bedingungen gesuchter Bildgeraden, obwohl die Transformation sie mit einem Ergebnis entsprechend der Punktanzahl auf der gegebenen Gerade berücksichtigt. Das Aufspüren dieser sogenannten *Pseudogeraden* im Hough-Raum ist recht zeitaufwendig, da die entlang einer bestimmten Geraden gewonnenen Beiträge im Bild klassifiziert werden müssen.

Das gleiche Problem verbirgt sich hinter der Zuordnung von Geradenpunkten zu Strecken. Häufungspunkte im Hough-Raum stehen jeweils für die gesamte Gerade. Sollen daraus gezielt die Punkte entlang der Geraden zu zusammengehörenden Streckenabschnitten aufgesammelt werden, ist ein rein sequentieller Algorithmus notwendig. Dieser macht jedoch die bei der Hough-Transformation gewonnenen Vorteile der für den Echtzeitaspekt erforderlichen Parallelisierbarkeit zunichte.

3.2.3.2 Polygonapproximation

Liegen bereits Informationen aus einem Konturverfolgungsverfahren vor, stellt sich die Berechnung von geradlinigen Konturelementen als ein Prozeß der Approximation aufgrund gegebener Stützpunkte dar. Je nach Aufgabenstellung ist eine Polygon-

oder Spline-Approximation geeignet, um eine Kontur mit geringerem Datenaufwand oder höherwertigen Merkmalen zu beschreiben. Die vorliegende Arbeit kann sich auf eine Polygonapproximation beschränken, da sie in erster Linie die Identifikation von Bildelementen zum Ziel hat und nicht generell zur Bilddatenreduktion beitragen möchte.

Das im folgenden angegebene Verfahren beruht auf einem Split-and-Merge-Prinzip und benutzt den Abstand eines Stützpunktes zur vorgeschlagenen Gerade als Aufteilungskriterium. Aufbauend auf ein von Pavlidis beschriebenes Verfahren ("Polygonal fit", [PAVL82]) wurde folgender Algorithmus entwickelt (Abbildung 3.10).

Gegeben ist eine Kontur K durch eine geordnete Liste von n Punktkoordinaten: $K : (i_k, j_k)\ k = 0 \ldots n-1$.

1. *Split-Phase:* Zerlegung der Kontur in kollineare Abschnitte
   Konturabschnitte einer konstanten Länge l (typisch 5 bis 10 Bildpunkte) werden auf Kollinearität überprüft, indem der maximale Abstand d aller Punktkoordinaten $(i_h, j_h)\ h = (k+1) \ldots (k+l-1)$ zu einer Geraden G_m zwischen Anfangs- und Endpunkt des Abschnitts (i_k, j_k) bzw. (i_{k+l}, j_{k+l}) berechnet und mit einer Schwelle d_c verglichen wird:

$$G_m : a_m \cdot i + b_m \cdot j + c_m = 0 \qquad (3.6)$$

mit $a_m = j_k - j_{k+l} \qquad b_m = i_{k+l} - i_k \qquad c_m = i_k \cdot j_{k+l} - i_{k+l} \cdot j_k$

und $d = \max(a_m \cdot i_h + b_m \cdot j_h + c_m,\ h = (k+1) \ldots (k+l-1))$

Ist $d < d_c$, werden die $l+1$ Punkte zum Abschnitt A_m mit den Kennwerten a_m, b_m, i_k, j_k zusammengefaßt, sonst wird der Punkt $(i_{k+l'}, j_{k+l'})$ mit dem größten d zu einem neuen Endpunkt des Abschnitts und der Kollinearitätstest solange erneut durchgeführt, bis ein Abschnitt einer Länge $l' < l$ gefunden wurde, wo $d < d_c$ gilt.

2. *Merge-Phase:* Zusammenfassen benachbarter Abschnitte
   Zwei benachbarte Konturabschnitte A_m und A_{m+1} werden zu einem Abschnitt zusammengefaßt, wenn der Schnittwinkel δ von G_m und G_{m+1} hinreichend nahe an 0 bzw. π liegt. Für $\tan \delta$, das dann absolut unterhalb einer Schwelle $\tan \delta_c$ liegen sollte, gilt:

$$\tan \delta = \frac{a_m \cdot b_{m+1} - a_{m+1} \cdot b_m}{a_m \cdot a_{m+1} + b_m \cdot b_{m+1}}. \qquad (3.7)$$

Konturabschnitte werden durch mehrfachen Umlauf solange zusammengefaßt, wie noch Schnittwinkel δ mit der Bedingung $|\tan \delta| < \tan \delta_c$ vorhanden sind.

Für einen ausführlichen Beweis und eine Aufstellung der Eigenschaften des Verfahrens sei auf die angegebene Literaturstelle verwiesen. Hier soll nur noch auf eine anwendungsbezogene Verbesserung eingegangen werden.

3.2 Lokalisierbare Bildelemente

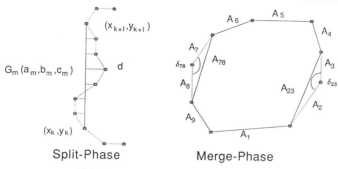

Abbildung 3.10: Polygonapproximation

Die im Rahmen dieser Arbeit untersuchten industriellen Objekte zeichneten sich häufig durch wenige lange, gerade Linienstücke aus, an denen das Originalverfahren wegen der Integration von Split-und Mergephase ein schlechtes Laufzeitverhalten bewies. Ein als kollinear eingestufter Abschnitt wird bei Pavlidis solange durch Folgeabschnitte verlängert, bis das Kollinearitätskriterium nicht mehr erfüllt ist. Das erfordert jedoch die erneute Überprüfung aller Zwischenpunkte (Backtracking).

Zwar können durch großzügige Festlegung des zugelassenen Abstandsfehlers solche Polygonstützpunkte gefunden werden, die mit den Eckpunkten des Objekts weitgehend übereinstimmen, jedoch ist dafür wegen des erforderlichen Backtracking ein zu hoher Zeitaufwand notwendig. Für die Erfassung der Konturen mit langen Geradenstücken hat sich daher das oben vorgestellte, zweiphasige und pipelinefähige Konzept bewährt.

3.2.4 Erfassung von Ellipsen

Weitere wichtige Details industrieller Werkstücke sind kreisförmige Konturen auf ebenen Grundflächen, die beim Einsatz spanender Fertigungsverfahren entstehen. Dazu zählen in erster Linie Bohrungen, die als Fixierpunkte für Bolzen und Schrauben im Rahmen der Montage wichtige Objektkoordinaten darstellen. Wie im Kapitel 5 noch gezeigt wird, werden Kreise auch nach beliebiger affiner Abbildung perspektivisch auf Kegelschnitte projiziert. Daher sind Kreise im Kamerabild einer Szene nur Spezialfälle einer bestimmten Blickrichtung und für eine dreidimensionale Analyse nur bedingt verwendbar.

Die wichtigste Ausprägung des Kreises wird bei dem im Kapitel 4 eingeführten Kameramodell die Ellipse. Die allgemeine gedrehte und verschobene Ellipse läßt sich in der zweidimensionalen Projektionsebene mit den Koordinaten (u, v) durch die Beziehung (3.8) darstellen ([BRON76]):

$$A_1 \cdot u^2 + 2 \cdot B \cdot u \cdot v + A_2 \cdot v^2 + 2 \cdot C_1 \cdot u + 2 \cdot C_2 \cdot v + D = 0 \quad (3.8)$$

$$\text{mit dem Mittelpunkt}: u_0 = \frac{B \cdot C_2 - A_2 \cdot C_1}{A_1 \cdot A_2 - B^2} \text{ und } v_0 = \frac{B \cdot C_1 - A_1 \cdot C_2}{A_1 \cdot A_2 - B^2}$$

sowie dem Drehwinkel : $\alpha = \dfrac{1}{2} \cdot \arctan \dfrac{2 \cdot B}{A_1 - A_2}$

Die beiden Halbachsen der Ellipse lassen sich durch Verschiebung und Drehung gewinnen. Sie betragen

$$h_1 = \sqrt{\dfrac{-\Delta}{F_1 \cdot \delta}} \qquad h_2 = \sqrt{\dfrac{-\Delta}{F_2 \cdot \delta}}$$

mit $\Delta = D \cdot \delta + 2 \cdot B \cdot C_1 \cdot C_2 - C_2^2 \cdot A_1 - C_1^2 \cdot A_2 \neq 0$ und $\delta = A_1 \cdot A_2 - B^2 > 0$

sowie $F_{1,2} = A_1 + A_2 \pm \sqrt{\dfrac{(A_1 - A_2)^2 + 4 \cdot B^2}{2}}$

Im folgenden sollen zwei unterschiedliche Verfahren diskutiert werden, die aus einer durch einen Konturfolger zur Verfügung gestellten Kontur die bestmögliche Ellipse mit ihren Parametern extrahieren.

3.2.4.1 Momentenverfahren

Pavlidis schlägt in [PAVL82] ein Verfahren auf der Basis von Flächenträgheitsmomenten vor. Er berechnet zunächst den Schwerpunkt der als Punktmassen angenommenen Konturstützpunkte. Daraus bestimmt er die auf den Schwerpunkt bezogenen Momente 2. Grades μ_{11}, μ_{02}, und μ_{20}. Der Winkel α zwischen der Hauptträgheitsachse und der x-Achse des Bezugssystems (Spaltenzähler i in der digitalen Bildebene) ergibt sich dann aus der Beziehung

$$\alpha = \dfrac{1}{2} \cdot \arctan \dfrac{\mu_{11}}{\mu_{02} - \mu_{20}} \qquad (3.9)$$

Die neuen Momente ν_{02} und ν_{20} in einem um α gedrehten und auf den Schwerpunkt bezogenen Koordinatensystem (u, v) (hier ist dann $\nu_{11} = 0$) lassen sich direkt verwenden, um die Fehlergleichung (3.10) zu minimieren. Diese Fehlergleichung summiert die Abweichungen der einzelnen Punkte (u_k, v_k) von einer idealen Ellipse in Hauptachsenlage auf und zielt auf einen möglichst kleinen Wert. Soll also die Summe über die Einzelfehler aller Konturpunkte verschwinden, dann kann daraus eine Bestimmungsgleichung für die beiden Halbachsen abgeleitet werden. Es soll also gelten:

$$\sum_{k=1}^{n}(\dfrac{u_k^2}{h_1^2} + \dfrac{v_k^2}{h_2^2} - 1) = 0 \quad \text{oder} \quad \dfrac{\nu_{20}^2}{h_1^2} + \dfrac{\nu_{02}^2}{h_2^2} - n = 0 \qquad (3.10)$$

Daraus folgt dann

$$h_1 = \sqrt{\dfrac{2 \cdot \nu_{20}}{n}} \quad \text{und} \quad h_2 = \sqrt{\dfrac{2 \cdot \nu_{02}}{n}}. \qquad (3.11)$$

Die genannten Beziehungen setzen voraus, daß die Punkte bereits angenähert einer Ellipse entsprechen, was bei der Analyse unbekannter Konturen nicht vorausgesetzt werden kann. Werden nun bei einer Kontur, die keine Ellipse ist, Schwerpunkt, Drehwinkel und die beiden Halbachsen bestimmt, so sind dies lediglich Kennwerte einer äquivalenten Ellipse, also einer Ellipse mit gleichen Flächenträgheitsmomenten und gleicher Hauptträgheitsachse der Konturpunkte.

Diese Kennwerte mögen zwar sinnvoll zur Klassifikation von Konturen sein, zumal sich aus dem Halbachsenverhältnis ein bezüglich der ebenen Rotation und Translation sowie der Skalierung invariantes Merkmal ableiten läßt. Sie tragen aber nicht zur Feststellung bei, ob die gesamte Kontur oder ein Teil von ihr Punkte eines Ellipsensegments sind. Obgleich sich die Fehlergleichung (3.10) einzeln auf jeden Punkt angewandt zur Bestimmung der Qualität eines einzelnen Ellipsenpunktes benutzen läßt, erhält man mit ihr nur die Abweichung von der global besten Ellipse, die auch unter Einbeziehung aller gestörten Punkte gewonnen wurde. Gerade aber die wichtige Analyse von Bohrlöchern hat gezeigt ([THIE88]), daß im allgemeinen selbst bei gutem Kontrast an der Bohrlochkontur nicht von idealen Ellipsenkonturen ausgegangen werden kann. So kommt es durch Schattenbildung oder angephaste Übergänge immer wieder zu Störungen der Kontur.

Daher wurde alternativ zum Verfahren nach Pavlidis ein auf der Ausgleichsrechnung und dem Split-and-Merge-Prinzip basierender Algorithmus implementiert.

3.2.4.2 Split-and-Merge-Verfahren

Gleichung (3.8) beschreibt einen allgemeinen Kegelschnitt in nur fünf freien Parametern, da eine Normierung auf einen der Parameter immer möglich ist. Wählt man nun zunächst fünf Punkte auf der zu untersuchenden Kontur aus und sucht durch diese Punkte den passenden Kegelschnitt durch Lösen eines linearen Gleichungssystems in den fünf Parametern von Gleichung (3.8), dann bietet ein solches Vorgehen auch die Möglichkeit zur Bestimmung von Ellipsensegmenten auf der Kontur. Vergrößert man die Anzahl der Stützpunkte, können die überzähligen Punkte zur Ausgleichung benutzt werden.

Das prinzipielle Vorgehen besteht nun analog zu dem in Abschnitt 3.2.3.2 beschriebenen Verfahren für die Polygonerfassung darin, daß eine unbekannte Kontur zunächst gleichmäßig in eine angemessene Anzahl von Segmenten (typisch 5 bis 10) eingeteilt wird. Diese Segmente werden einzeln durch ein lineares Gleichungssystem in den Ellipsenparametern beschrieben und die jeweiligen Parameter mit Hilfe der Ausgleichsrechnung bestimmt (Splitphase).

Der paarweise Vergleich benachbarter Ellipsensegmente zeigt dann, ob ein Zusammenfassen dieser beiden Segmente sinnvoll ist. Über beide Segmente wird ein neuer Satz den Fehler minimierender Parameter gebildet und das Verfahren durch mehrfachen Durchlauf fortgeführt (Mergephase).

Das Gesamtergebnis dieses Operators beschreibt die Kontur durch die Aneinanderreihung unterschiedlich langer Ellipsensegmente. Um eine Kontur insgesamt als Ellipse zu klassifizieren, wird eine anwendungsabhängige Mindestbogenlänge einer Ellipse mit einem kleineren als einem vorgegebenen Fehler als Kriterium vorausgesetzt.

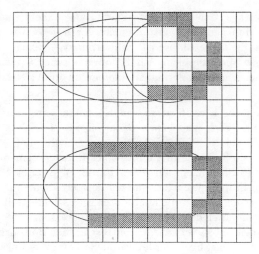

Konturlänge zu kurz:
Fehlerhafte Ellipsenparameter

Ausreichende Konturlänge:
Genaue Ellipsenparameter

Abbildung 3.11: Ellipsenapproximation

Abbildung 3.11 demonstriert abschließend das Ergebnis des Split-and-Merge-Verfahrens. Das oben dargestellte Ellipsensegment ist zu kurz, um eine zuverlässige Aussage über die Ellipsenparameter zu machen, die untere Ellipse kann durch die Ausgleichsrechnung auch bei Halbachsen von wenigen Pixeln recht genau bestimmt werden.

3.2.5 Erfassung markanter Punkte

Markante Punkte spielen innerhalb der Szene eine wichtige Rolle. Sie sind, wie oben bereits festgestellt, eine Diskontinuität zweiten Grades und eignen sich wegen des Zusammentreffens von Diskontinuitäten ersten Grades (z.B. Kanten) besonders als Stützpunkte dreidimensionaler Informationen. Im folgenden sollen markante Punkte entsprechend der Definition von Dreschler ([DRES81]) beschrieben und zunächst in *markante Objektpunkte* und *markante Bildpunkte* eingeteilt werden.

Markante Objektpunkte sind Punkte auf der Oberfläche beobachteter Objekte, die sich auch bei leicht veränderter Objektansicht, z.B. durch Bewegung oder aus Sicht einer zweiten Kamera, wiederfinden lassen. Dreschler nennt Ecken, isolierte Punkte und Linienendpunkte als gut geeignete Kandidaten, da sie auch im Bild als Ecken oder Punkte erscheinen.

Markante Bildpunkte hingegen zeichnen sich durch auffällige Grauwertumgebungen im Bild aus. Dies können örtlich begrenzte Bereiche sein, die sich durch ihre Helligkeit vom Hintergrund abheben, oder Schnitt- und Endpunkte von zweidimensionalen Linien. Dieser Abschnitt der Arbeit behandelt zunächst nur die Ermittlung von markanten Bildpunkten, da für die Zuordnung von Bildpunkten zu Objektpunkten Vorwissen aus der Szene oder Information aus einer Objektidentifikationsphase erforderlich ist. Dreschler schlägt vor, diese markanten Bildpunkte zunächst als Kandidaten für die Bilder markanter Objektpunkte zu behandeln und die genauere Analyse auf spätere Phasen zu verschieben. Sie nennt diese Kandidaten abgekürzt *markante Punkte*, eine Bezeichnung, die im folgenden auch benutzt werden soll. Verfahren zum Auffinden markanter Punkte, kurz Punktefinder, werden in der Literatur mehrfach beschrieben. Hinweise auf eine Vielzahl dieser Verfahren sind in [DRES81] aufgelistet. Eine Einteilung der Verfahren in drei Klassen soll an dieser Stelle erfolgen, um eine Einordnung der unten vorgestellten Verfahren zu vereinfachen. Es sind zu unterscheiden:

1. Punktefinder, die auf einer *Bildsegmentierung* aufbauen und das Zusammentreffen von mehr als zwei Segmenten markieren,

2. Punktefinder, die den Verlauf der Bildfunktion durch Modelle annähern und bestimmte *Näherungsfunktionen* für die genannten markanten Bereiche verwenden und

3. Punktefinder nach *heuristischen Verfahren*, die mit abgeleiteten Gesetzmäßigkeiten des beobachteten Verhaltens der Bildfunktion arbeiten.

Wegen des mit der Segmentierung verbundenen Aufwands können Punkte, die sich erst nach Analyse des Zusammenhangs einzelner Regionen ergeben, nicht mehr in dieser Phase der Gewinnung einer groben Szenenskizze einbezogen werden. Daher werden Verfahren der ersten Klasse für die Verwendung in industriellen Vision-Systemen nicht betrachtet.

3.2.5.1 Der Moravec-Operator

Eine wichtige Anwendung in der dreidimensionalen Informationsgewinnung ist die räumliche Punktvermessung mit einem Stereokamerapaar. Für dieses Verfahren ist die Reproduzierbarkeit der gewählten Punkte eine wichtige Voraussetzung. Insbesondere sind Punkte auf einer gleichförmigen Objektfläche, und damit aus einem kontinuierlichen Grauwertbereich nicht reproduzierbar, da sich die Merkmale eines solchen Punktes nur schwer von den Merkmalen eines Nachbarpunktes unterscheiden lassen. Auch Punkte auf einer Diskontinuität ersten Grades, z.B. auf einer Grauwertkante, unterscheiden sich entlang dieser Linie nur geringfügig. Es werden zwar in Kapitel 6 für die stereoskopische Vermessung Verfahren diskutiert werden, die bei genügend genauer Kalibrierung auch Punkte entlang einer Kante zuordnen können, jedoch ist dieses Verfahren nicht allgemein anwendbar, was daher die Unterscheidung zwischen Diskontinuitäten ersten und zweiten Grades erfordert.

Ein Punktefinder muß also auf Grauwertkanten signifikant anders reagieren als auf punktuelle Auffälligkeiten. Exemplarisch für die in der Literatur vorgeschlagenen Verfahren der zweiten Klasse wurde das von Moravec ([MORA80]) implementiert, das einen Punkt dann als auffällig markiert, wenn das Minimum von vier richtungsbezogenen Varianzen der Bildfunktion in einem quadratischen Fenster (die vorgeschlagene Größe beträgt 5×5 Bildpunkte) einen Schwellwert übersteigt (Abbildung 3.12).

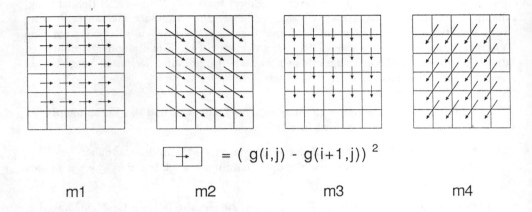

Abbildung 3.12: Der Moravec-Operator

Die Wirkungsweise des Operators läßt sich an idealisierten Modellen von Punkten, Ecken und Kanten erklären: isolierte Punkte und Ecken weisen hohe Varianzen in allen Richtungen des Operators auf, während Kanten in ihrer Richtung nur eine niedrige Varianz wegen der jeweils nur in kontinuierlichen Bereichen gesammelten niedrigen Differenzen aufsummieren. Für einige idealisierte Modelle finden sich in [DRES81] die entsprechenden Filterantworten beispielhaft aufgeführt. Als nachteilig wird vermerkt, daß Moravec den Operator nicht im Abstand des Bildpunktrasters anwendet, sondern nur im Abstand der halben Operatorbreite. Das geschah wohl hauptsächlich zur Verkürzung der Rechenzeit in einer Anwendung, bei der die resultierende Punktdichte ausreichte.

In der eigenen Implementierung des Operators wurde auf eine solche Einschränkung verzichtet und untersucht, ob dadurch ein meßbarer Einfluß auf das Ergebnis festzustellen war. Außerdem wurde die Operatorgröße variiert, um verschieden große Einflußbereiche innerhalb des Bildes zu untersuchen.

Die Versuche zeigten den für die Auswertung wesentlichen Nachteil eines stark richtungsabhängigen Resultats. Grauwertkanten, die in den von den Filtermasken betonten Richtungen ($0°, 45°, 90°, 135°$) lagen, wurden zwar wie erwartet unterdrückt. Bei Kanten, die zwischen diesen Richtungen lagen (z.B. bei ungeraden Vielfachen von $22.5°$), geriet die Filterantwort allerdings in eine Größenordnung, wie sie auch an Ecken oder isolierten Punkten anzutreffen war. Die Verdopplung der ausgewerteten Richtungen mit Hilfe von 8 Masken hat zwar tendenziell das Ergebnis verbessert, jedoch kann wieder bei den Zwischenrichtungen (z.B. bei ungeraden Vielfachen von $11.25°$) eine so hohe Filterantwort festgestellt werden, daß solche Bereiche nur mit dem hohem Aufwand topologischer Untersuchungen von den eigentlichen markanten Punkten getrennt werden können.

3.2.5.2 Schnittpunkte von Geraden

Die Klasse der topologischen Verfahren sind häufig auch heuristischer Natur, da die notwendigen Regeln für die Beschreibung der markanten Punkte durch schrittweises Ausschalten von Operatorfehlern formuliert werden. Ein rein heuristischer Ansatz und damit ein Punktfinder der dritten Kategorie liegt der Idee zugrunde, aus Bildern, die Diskontuitäten ersten Grades enthalten, *Schnittpunkte* von geradlinigen Elementen dieser Kanten zu extrahieren.

In Abschnitt 3.2.3.1 wurde zur Erfassung von geradlinigen Kantenelementen im Bild auf die *Hough-Transformation* eingegangen. Sie liefert eine Aussage über die Anzahl kollinearer Bildpunkte auf Diskontinuitäten ersten Grades. Faßt man diese kollinearen Punkte als wahrscheinliche Geraden auf, dann gibt es maximal $\frac{n \cdot (n-1)}{2}$ Schnittpunkte dieser Geraden. Diese Eckpunktkandidaten müssen dann in der Vorlage einzeln mit einem entsprechenden Kriterium überprüft werden. Ein solches Verfahren hat nur dann Sinn, wenn die Hough-Transformation sowieso für die weitere Bearbeitung erforderlich ist. Dann ist die Berechnung der Filterfunktion nur noch auf die Eckpunktkandidaten anzuwenden (beim untersuchten Bildmaterial typisch 10 % der Bildpunkte) und damit vom Rechenaufwand her vertretbar.

3.2.5.3 Der Mediandifferenzoperator

Das für diese Arbeit entwickelte und im weiteren favorisierte Verfahren beruht auf dem Marrschen Prinzip der Auswertung von Kanälen verschieden bandbegrenzter Bildfunktionen und einem Vorschlag von Paler et.al. ([PALE84]). Er kann als ein auf Modellbildfunktionen beruhender Punktefinder mit einer heuristischen Erweiterung verstanden werden.

Die Glättung von Bildsignalen hat eine Begrenzung auf tiefe Ortsfrequenzen zur Folge. Oben wurde beispielsweise die Faltung mit einer Gaußmaske als linearer Tiefpaß eingeführt. Je nach Größe der Maske konnte durch Angabe einer Standardabweichung σ des Gaußoperators eine entsprechende Grenzfrequenz vorgegeben werden. Man beobachtet, daß hierdurch Störungen in der Größenordnung der Abmessungen der Faltungsmaske unterdrückt werden. Leider verschwimmen aber auch Kanten, die sich ausgehend von einem scharfen Übergang nun über einen Bereich des doppelten Operatordurchmessers ausdehnen.

Demgegenüber beobachtet man beim sog. Medianfilter einen glättenden, aber gleichzeitig kantenerhaltenden Effekt. Er wird daher bei der Verarbeitung verrauschter ein- und zweidimensionaler Signale schon seit den siebziger Jahren eingesetzt ([TUKE76]). Dabei wird ein Bildpunkt im Ergebnisbild zum Median, also dem nach Sortierung mittleren Wert, eines meist quadratischen Bildfensters gesetzt. Je größer die Fensterbreite angenommen wird, um so größer sind die Details oder aber die Störungen, die mit dem Filter unterdrückt werden.

Den kantenerhaltenden Effekt, kann man sich durch die Betrachtung des Filterergebnisses an einer idealen, senkrechten Kante verdeutlichen. Solange sich der Fenstermit-

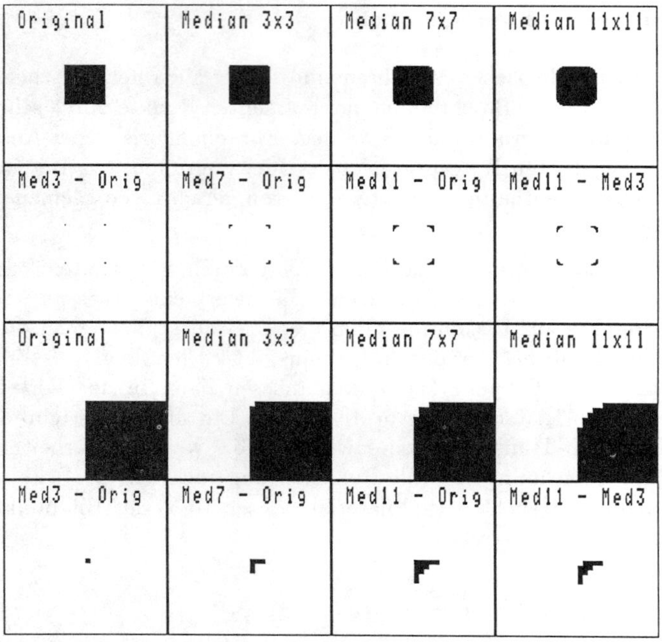

Abbildung 3.13: Der Einfluß des Medianfilters auf ideale Ecken

telpunkt noch links der Kante befindet, wird der Grauwert links der Kante im Fenster überwiegen und damit auch den Medianwert ausmachen. Dieser Medianwert schlägt um, wenn der Mittelpunkt über die Kante gewandert ist und mehr Punkte des Gebiets rechts der Kante im Fenster liegen. Punktförmige Störungen beeinflussen das Ergebnis kaum, da dunkle Punkte in hellen Bereichen nach der Sortierung nach unten wandern und umgekehrt.

Man beobachtet nun an Ecken die zunächst unerwünschte Eigenschaft, daß die Filterantwort entsprechend dem Winkel des hineinragenden Bereichs (siehe Abbildung 3.13) zu spät auf die Grauwerte dieses Bereichs reagiert. Ecken werden dadurch abgerundet.

Dieser Einfluß ist um so stärker, je größer die Abmessungen der Operatormaske und je spitzer der Winkel des hineinragenden Bereichs ist. Bei der Glättung von Bildern kann sich ein solches Verhalten störend auswirken, aber bei der Suche markanter Punkte kann dieser Effekt ausgenutzt werden, um durch Differenzbildung z.B. mit einem ungefilterten Bild gerade die Bereiche hervorzuheben, die bei der Medianfilterung unterdrückt werden, namentlich Ecken und isolierte Punkte. Ein solcher Operator wird im folgenden *Mediandifferenzoperator* genannt.

Ein erster Hinweis auf dieses Vorgehen findet sich bei Paler et.al ([PALE84]). Sie schlagen die Differenzbildung von Originalbild und einem mediangefilterten Bild (mit einem 5×5 Bildpunkte großen Medianfenster) vor und erhalten hierdurch exakte Eckenpositionen in Bildern niedriger Auflösung mit wenigen Graustufen. Bei verrauschten

3.2 Lokalisierbare Bildelemente

Bildern und höheren Auflösungen werden allerdings auch unerwünschte Bildbereiche in Form punktueller Störungen ("Salt-and-pepper-noise") betont. Zur Abhilfe wird eine aufwendige Untersuchung der Grauwertverhältnisse um den möglichen Eckpunkt vorgeschlagen.

Im Gegensatz dazu wurde für diese Arbeit eine ebenso einfache wie auch wirkungsvolle Erweiterung des Verfahrens entwickelt. Sie besteht in der Verwendung von zwei Medianfiltern mit unterschiedlichen Fensterbreiten w_1 und w_2 und der Bildung der absoluten Differenz dieser beiden gefilterten Bilder. Die Fensterbreiten werden mit $w_1 < w_2$ so gewählt, daß w_1 in der Größenordnung zu unterdrückender Störungen ist (entsprechend der unteren Grenzfrequenz) und w_2 der Ausdehung der als isolierte Punkte noch zu erkennenden Bereiche entspricht (entsprechend der oberen Grenzfrequenz eines Bandpasses). Folgende Gleichungen gelten bei Annahme idealer Modelle von isolierten Punkten und Ecken (siehe dazu Abbildung 3.13):

- Sei s_M, gemessen in Pixel, die Größe einer zu unterdrückenden Störung auf einem gleichmäßigen Hintergrund oder die Größe der als isolierte Punkte noch akzeptierten Bereiche, dann gilt für ein quadratisches Fenster mit der Breite w bei näherungsweise kreisförmiger Fläche der betrachteten Bereiche:

$$w = \sqrt{2 \cdot s_M} \qquad (3.12)$$

- Eine rechtwinklige Ecke wird durch einen Medianfilter der Fensterbreite w abgerundet und dadurch um n_M Punkte diagonal verschoben. Für die Abhängigkeit der Fensterbreite w von der maximal zulässigen Verschiebung n_M gilt:

$$w = (1 + 2 \cdot n_M)(1 + \sqrt{2}) \qquad (3.13)$$

- Die abgeschälte Fläche f_M an der Ecke ist dann abhängig von w und erzeugt die Form einer Hyperbel an der Objektkante:

$$f_M = \sum_{p=1}^{w} \sum_{q=1}^{w} \delta_w(p,q) \text{ mit } \delta_w(p,q) = \begin{cases} 1 & \text{falls } p \cdot q > \frac{w^2}{2} \\ 0 & \text{sonst} \end{cases} \qquad (3.14)$$

Für gängige quadratische Fensterbreiten kann f_M aus Tabelle 3.1 abgelesen werden.

Fensterbreite w	Abgeschälte Eckenfläche f_M
3	3
5	6
7	10
9	17

Tabelle 3.1: Eckenveränderung durch den Medianoperator

Ecken mit Winkeln spitzer als 90° werden stärker, mit stumpferen Winkeln schwächer abgerundet. Der Extremfall einer idealen Kante als Ecke mit einem Winkel von 180° bleibt unverändert. Für die Berechnung der Einflußgrößen f_M und n_M wurde zunächst vereinfachend angenommen, daß die Ecke parallel zum Digitalisierungsgitter der Bildaufnahme steht. Bei der Anwendung des Mediandifferenzoperators ergeben sich somit wegen der Betrachtung des absoluten Differenzwertes markante Punkte als helle Flecken, deren Größe sich aus den oben beschriebenen Phänomenen ableiten läßt. Die Größe eines solchen Flecks hängt von beiden Fenstergrößen für die Detektion isolierter Punkte und für die Störunterdrückung ab, da durch die kleinere Fensterbreite bereits eine Veränderung der Bildinformation stattgefunden hat.

Der vorgestellte Mediandifferenzoperator eignet sich für die Festlegung von markanten Punkten auch wegen einer möglichen effizienten Implementierung in der Vorverarbeitung. Narendra schlägt für den Medianfilter eine nach Spalten- und Zeilendurchlauf separierbare Implementierung vor ([NARE81]), die ein sehr ähnliches Verhalten wie ein Medianfilter mit zweidimensionalen Fenster aufweist. Jedoch kann im Zuge der heute verfügbaren Vorverarbeitungsprozessoren schon fast auf eine derartige Vereinfachung verzichtet werden. So ist ein Rangordnungsfilteroperator, der aus einem einzigen Spezialprozessor besteht und neben dem Medianwert auch einen anderen Rang wie Minimal- oder Maximalwert ausfiltern kann, Teil des in Abschnitt 2.3 vorgeschlagenen Vision-Systems.

4. Ein photogrammetrisches Modell für Videokameras

Die photogrammetrische Behandlung von Videobildern hat bei industriellen Anwendungen noch wenig Beachtung gefunden. Kraus beschreibt den Begriff der Photogrammetrie in seinem Lehrbuch ([KRAU86]) aus der Sicht des Vermessungsingenieurs:

> "Mit Hilfe der *Photogrammetrie* rekonstruiert man die Lage und die Form von Objekten aus Photographien. Die Ergebnisse einer photogrammetrischen Auswertung können sein:
>
> - *Zahlen*, nämlich Koordinaten einzelner Objektpunkte in einem dreidimensionalen Koordinatensystem (digitale Punktbestimmung),
> - *Zeichnungen*, nämlich Karten und Pläne mit Grundriß- und Höhenlinien und sonstige graphische Darstellungen der Objekte,
> - *Bilder*, vor allem entzerrte Photographien (Orthophotos) und daraus hergestellte Luftbildkarten, aber auch Photomontagen und Raumbilder."

In dieser Arbeit interessiert vordringlich die digitale Punktbestimmung zur möglichst genauen Vermessung dreidimensionaler Szenen. Als Analogon zu Zeichnungen, die Kraus als mögliches Ergebnis nennt, kann die Skizze einer Szene aufgefaßt werden, die aus Stützpunkten und geometrischen Primitiven konstruiert wird. Auch für die von Kraus genannten Orthophotos existieren interessante industrielle Anwendungen. Bei der Erzeugung senkrechter Aufsichten ebener Szenenbereiche wird beispielsweise in Abschnitt 5.3 die ebene perspektivische Entzerrung mit Hilfe einer photogrammetrischen Lösung entwickelt.

Die photogrammetrische Bestimmung von Raumdaten wird in den verbleibenden Kapiteln der Arbeit behandelt. Dazu wird zunächst ein auch an der Kameraphysik verifizierbares Modell der Videokamera auf der Basis photogrammetrischer Prinzipien eingeführt. Dieses Modell wird dann auf Bilder *einer* Kamera angewandt, indem einzelne Raumpunkte und bestimmte räumliche Punktgruppen wie Polygone und Kreise räumlich lokalisiert werden. Die bei diesen monokularen Verfahren noch existierenden Mehrdeutigkeiten einzelner Punkte werden schließlich durch ein stereoskopisches Prinzip für markante Punkte aufgelöst.

Für die Abbildung der dreidimensionalen Szene auf die zweidimensionale, lichtempfindliche Fläche einer Videokamera ist die Beschreibung mit Hilfe eines geeigneten mathematischen Modells gesucht. Diese Beschreibung wird nach der Durchführung einer

Kalibrierungsprozedur die Bestimmung der photogrammetrischen Parameter ermöglichen und eine geschlossene Darstellung der notwendigen Transformationen ermöglichen.

Ausgangspunkt ist das physikalische Modell einer Lochkamera, bei der durch ein unendlich kleines Loch Lichtstrahlen aus der Welt eintreten und die Szene auf der Rückwand der Kamera umgekehrt abbilden. Die Lichtstrahlen kreuzen sich im Lochmittelpunkt, so daß sich ein Lichtstrahlenbündel in Form eines Doppelkegels ergibt (Abbildung 4.1a).

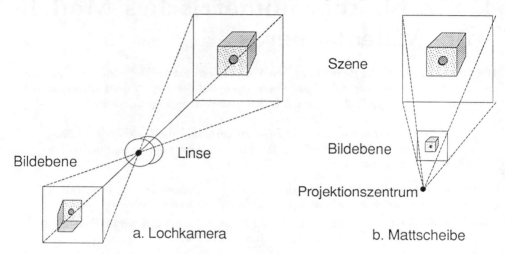

Abbildung 4.1: Einfache Kameramodelle

Durch ein unendlich kleines Loch fällt nur eine unendlich geringe Menge Licht, so daß im Realfall eine Linse die Funktion des Lochs übernimmt, das Licht auf einen Punkt bündelt und nach der gleichen Gesetzmäßigkeit, wenn auch mit Abbildungsfehlern behaftet, auf die Rückwand projiziert.

Die mathematisch umständlich zu handhabende Umkehrung des Objekts kann durch die Annahme einer Mattscheibe in einem geeigneten Abstand vor der Linse oder dem Loch vermieden werden. Die abgebildete Szene ist dann gleich orientiert wie in der Realität und wird in Abhängigkeit vom Szenenabstand durch die Anwendung des Strahlensatzes verzerrt (Abbildung 4.1b).

In der Literatur werden für die Ermittlung einer Projektionsvorschrift für reale Kameras zwei verschiedene Wege diskutiert. Der eine Weg vollzieht die einzelnen physikalisch begründeten Transformationen geometrisch nach und bestimmt so Parameter, die unmittelbar die Drehungen, Translationen und die perspektivische Abbildung beschreiben. Daher wird dieses Verfahren im folgenden "geometrische Transformation" genannt. Die Parameter treten in den nichtlinearen Zusammenhängen trigonometrischer Funktionen auf und müssen in der Regel iterativ bestimmt werden ([PHIL81]).

Der andere Weg vernachlässigt die Betrachtung einzelner Komponenten und versucht durch Angabe einer globalen homogenen Matrix zu einem Parametersatz ohne unmittelbares physikalisches Äquivalent zu kommen. In der Literatur wird dafür der Begriff

"Direkte Lineare Transformation" ([LEMM87]: "Direct linear transform", DLT) genannt.

Beiden gemeinsam ist, daß eine Reihe sog. Paßpunkte (Punkte mit a-priori bekannten Raumkoordinaten) im Raum festgelegt wird. Das von der Kamera aufgenommene Bild der Paßpunkte wird in der Bildebene neu vermessen und zu den räumlichen Paßpunktkoordinaten in Beziehung gesetzt. Die in der Literatur genannten Untersuchungen gehen hauptsächlich auf fotografisches Material, (Luftbildauswertung, Nahbereichsphotogrammetrie) und weniger auf die digitale Videoaufnahme und die Probleme aufgrund der Ortsdiskretisierung ein. Daher wurden beide Verfahren unter der besonderen Berücksichtigung der Eigenschaften von Videokameras realisiert und untersucht. Hierzu wurde ein räumliches Paßpunktgestell hergestellt, mit Hilfe von zwei Sekundentheodoliten sehr genau vermessen und für die Ermittlung von sog. Neupunkten (Punkte mit zu bestimmenden Raumkoordinaten) durch Videokameras im photogrammetrischen Sinne eingesetzt.

Zunächst wird hier ein neues Modell hergeleitet, das die Videokameraabbildung photogrammetrisch umfassend beschreibt. In dieses Modell wird das vereinfachte Schema der Direkten Linearen Transformation aus Effizienzgründen einbezogen, indem mögliche Umrechnungen, Randbedingungen und Abgrenzungen zwischen dem hier vorgestellten Modell und der DLT diskutiert und ausgenutzt werden. Abschließend wird eine Kombination aus dem Modell und der DLT vorgestellt und mit bisher vorgeschlagenen Verfahren verglichen.

4.1 Komponenten der Kameraabbildung

Die einzelnen Komponenten der Kameraabbildung bestehen im wesentlichen aus räumlichen Transformationen zwischen unterschiedlichen Bezugssystemen sowie der perspektivischen Projektion auf die lichtempfindliche Fläche der Kamera. Sie sollen im folgenden in einer verallgemeinerten Form definiert werden.

4.1.1 Die Zentralperspektive

Gegeben sei ein Kamerakoordinatensystem mit dem Ursprung in der Öffnung der Lochkamera (oder im Linsenmittelpunkt) sowie eine Bildebene parallel zur xy-Ebene an der Stelle $z = -c$ (entsprechend dem oben skizzierten Mattscheibenmodell). Dann ergeben sich in Blickrichtung der negativen z-Achse die folgenden Beziehungen der perspektivischen Transformation für einen Punkt (x, y, z) im Raum auf einen Punkt (u, v) in der Bildebene.

$$u = -c \cdot \frac{x}{z} \qquad v = -c \cdot \frac{y}{z} \qquad (4.1)$$

Dabei wird auf der Bildebene ein zweidimensionales Koordinatensystem (u, v) angenommen und festgelegt, bei dem die u-Achse in x-Richtung, die v-Achse in y-Richtung und der Ursprung im Durchstoßpunkt der räumlichen z-Achse durch die uv-Ebene liegt.

Die Gleichungen (4.1) beschreiben dann eine perspektivische Transformation der Weltkoordinaten (x, y, z) auf die Projektionsfläche $z = -c$. Wie erwartet wird ein Objekt mit wachsender Entfernung z kleiner dargestellt.

Zur Anpassung von Welt- auf Kamerakoordinatensysteme und umgekehrt sind außerdem Rotationen und Translationen erforderlich. Mit einer Darstellung, die Verhältnisse von Koordinaten wie Gl. (4.1) beinhaltet, werden die einzelnen Operationen jedoch recht umständlich. Alle genannten geometrischen Transformationen lassen sich jedoch mit Hilfe sog. homogener Koordinaten einheitlich darstellen und miteinander verknüpfen. Dazu werden im dreidimensionalen Raum 4 × 4-Matrizen benutzt, bei denen durch Matrixmultiplikation eine Verkettung einzelner Transformationen beschrieben wird. Hier soll nur kurz auf die für diese Arbeit relevanten Transformationen und ihre Darstellung in homogenen Koordinaten eingegangen werden, während umfassendere Darstellungen beispielsweise in [ENCA86] enthalten sind.

4.1.2 Räumliche Transformationen

Die vierdimensionalen homogenen Koordinaten $\tilde{r}$ entstehen durch Ergänzung der kartesischen Koordinaten (x, y, z) um die Komponente 1 und durch Multiplikation mit einem willkürlichen Skalar W:

$$\tilde{r} = (X, Y, Z, W)^T = (x \cdot W, y \cdot W, z \cdot W, 1 \cdot W)^T \qquad (4.2)$$

Durch Normierung homogener Koordinaten auf ihre vierte Komponente ist umgekehrt die Überführung auf kartesische Koordinaten jederzeit möglich. $\tilde{r}$ ist als eine Verhältnisangabe zu interpretieren: die homogenen Koordinaten $(1, 2, 3, 1)$ und $(5, 10, 15, 5)$ beschreiben den gleichen Punkt mit den kartesischen Koordinaten $(1, 2, 3)$ ([BAUL43]). Transformationen homogener Koordinaten sollen im folgenden als Multiplikationen der Transformationsmatrix mit dem Spaltenvektor der homogenen Koordinate aufgefaßt werden.

4.1.2.1 Translation

Die Translation eines Punktes (x, y, z) um einen Vektor (x_0, y_0, z_0) wird in homogener Darstellung zu

$$\begin{pmatrix} X' \\ Y' \\ Z' \\ W' \end{pmatrix} = \begin{pmatrix} W_0 & 0 & 0 & x_0 \\ 0 & W_0 & 0 & y_0 \\ 0 & 0 & W_0 & z_0 \\ 0 & 0 & 0 & W_0 \end{pmatrix} \cdot \begin{pmatrix} X \\ Y \\ Z \\ W \end{pmatrix} \qquad (4.3)$$

W_0 ist wieder ein willkürlicher Skalar, der bei $W = W_0 = 1$ und damit $W' = 1$ zur gewohnten Darstellung der Translation führt. Die umgekehrte Translation vom Koordinatensystem (X', Y', Z', W') zum System (X, Y, Z, W) läßt sich durch Eintrag des anti-

4.1 Komponenten der Kameraabbildung

parallelen Vektors $(-x_0, -y_0, -z_0)$ oder äquivalent durch Invertieren der 4×4-Matrix erreichen.

4.1.2.2 Rotation

Die allgemeine dreidimensionale Rotation $\underline{R}$ kann aus drei verschiedenen Drehungen zusammengesetzt gedacht werden. Naheliegend sind Drehungen um die kartesischen Koordinatenachsen mit dem Winkel α um die z-Achse (d.h. in der xy-Ebene), mit β um die y-Achse und γ um die x-Achse. Dann sind die einzelnen homogenen Matrizen $\underline{R}_\alpha$, $\underline{R}_\beta, \underline{R}_\gamma$ bei rechtsdrehend positiven Winkeln:

$$\underline{R} = \underline{R}_\alpha \cdot \underline{R}_\beta \cdot \underline{R}_\gamma \qquad (4.4)$$

mit

$$\underline{R}_\gamma = \begin{pmatrix} 1 & 0 & 0 & 0 \\ 0 & \cos\gamma & -\sin\gamma & 0 \\ 0 & \sin\gamma & \cos\gamma & 0 \\ 0 & 0 & 0 & 1 \end{pmatrix}$$

$$\underline{R}_\beta = \begin{pmatrix} \cos\beta & 0 & \sin\beta & 0 \\ 0 & 1 & 0 & 0 \\ -\sin\beta & 0 & \cos\beta & 0 \\ 0 & 0 & 0 & 1 \end{pmatrix}$$

$$\underline{R}_\alpha = \begin{pmatrix} \cos\alpha & -\sin\alpha & 0 & 0 \\ \sin\alpha & \cos\alpha & 0 & 0 \\ 0 & 0 & 1 & 0 \\ 0 & 0 & 0 & 1 \end{pmatrix}$$

Da die allgemeine Matrizenmultiplikation nicht kommutativ ist, muß die Reihenfolge der Drehungen festgelegt werden. Eine für die Thematik dieser Arbeit sinnvolle Reihenfolge ist durch die Anlehnung an die Definition der Kugelkoordinaten möglich. Soll die Richtung des Einheitsvektors der neuorientierten x-Achse in Kugelkoordinaten ausgedrückt ($r = 1, \varphi, \vartheta$) betragen und eine letzte Drehung um diesen Einheitsvektor mit dem Winkel ψ erfolgen, dann ergibt sich bei Definition der Kugelkoordinaten nach Abbildung 4.2 folgende Transformationsreihenfolge :

- Drehung um die z-Achse mit φ, Koordinaten (x', y', z')
- Drehung um die y'-Achse mit $(90 - \vartheta)$, Koordinaten (x'', y'', z'')
- Drehung um die x''-Achse mit dem Winkel ψ

Die resultierende homogene Matrix ergibt sich zu:

$$R_K = R_\varphi \cdot R_\vartheta \cdot R_\psi \tag{4.5}$$

mit

$$R_K = \begin{pmatrix} cos\varphi \cdot sin\vartheta & -sin\varphi \cdot sin\vartheta & cos\vartheta & 0 \\ sin\varphi \cdot cos\vartheta + cos\varphi \cdot cos\vartheta \cdot sin\psi & cos\varphi \cdot cos\vartheta - cos\varphi \cdot cos\vartheta \cdot sin\psi & -sin\vartheta \cdot sin\psi & 0 \\ sin\varphi \cdot sin\vartheta - cos\varphi \cdot cos\vartheta \cdot cos\psi & cos\varphi \cdot sin\vartheta + sin\varphi \cdot cos\vartheta \cdot cos\psi & sin\vartheta \cdot cos\psi & 0 \\ 0 & 0 & 0 & 1 \end{pmatrix} \tag{4.6}$$

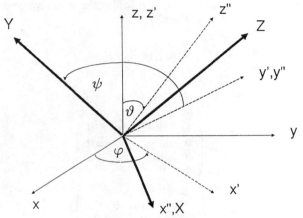

Abbildung 4.2: Rotation in Winkeln der Kugelkoordinaten

Die Koeffizienten der Matrix (4.6) können in dreierlei Weise interpretiert werden ([KRAU86]):

1. als Matrix der Kosinus der Winkel zwischen alten und neuen Koordinatenachsen

2. als Komponenten der Einheitsvektoren des neuen Koordinatensystems bezogen auf das Ausgangssystem

3. als Drehmatrix zur Transformation zwischen den Koordinatensystemen.

4.1.2.3 Skalierung und Scherung

Skalierungen in den verschiedenen Achsen S_x, S_y, S_z werden in der Hauptdiagonale der homogenen Transformationsmatrix eingetragen, während die Scherungsparameter s_i ($i = 1\ldots 6$), also die Abhängigkeiten der neuen Koordinaten von den jeweils anderen Achsen in den restlichen Matrixelementen der linken oberen 3×3-Matrix angegeben werden.

$$\underline{S} = \begin{pmatrix} S_x & s_1 & s_2 & 0 \\ s_3 & S_y & s_4 & 0 \\ s_5 & s_6 & S_z & 0 \\ 0 & 0 & 0 & 1 \end{pmatrix} \qquad (4.7)$$

4.1.2.4 Projektionen

Die bis hierhin vorgestellten Transformationen sind affiner Natur, was durch Matrixelemente $h_{i4} = 0$ ($i = 1,2,3$) und $h_{44} = 1$ erreicht wird. Es ist außerdem möglich, verschiedene Projektionen der dreidimensionalen Welt auf eine ebene Projektionsfläche, z.B. die lichtempfindliche Fläche einer Kamera, durch homogene Matrizen darzustellen. Die einfachste Projektion ist die senkrechte Projektion auf eine Ebene mit einem Normalenvektor in Richtung einer der Koordinatenachsen. Sie wird *Parallelprojektion* genannt und vermittelt im Gegensatz zur perspektivischen Transformation keinen räumlichen Eindruck. Die Projektion auf eine Ebene parallel zur xy- Ebene mit $z = z_0$ wird durch die homogene Transformationsmatrix $\underline{P}_{par}$ beschrieben.

$$\underline{P}_{par} = \begin{pmatrix} 1 & 0 & 0 & 0 \\ 0 & 1 & 0 & 0 \\ 0 & 0 & 0 & z_0 \\ 0 & 0 & 0 & 1 \end{pmatrix} \qquad (4.8)$$

Die *perspektivische Projektion* läßt sich in homogener Darstellung durch Vergleich mit Gl. (4.1) gewinnen. Eine räumliche Szene mit homogenen Koordinaten (X, Y, Z, W) wird perspektivisch in z-Richtung auf eine Ebene $z = -c$ mit dem Projektionszentrum im Ursprung projiziert. Die Anwendung der homogenen Matrix $\underline{P}_{per}$ aus Gl. (4.9) auf eine homogene Koordinate (X, Y, Z, W) führt zur Koordinate (X', Y', Z', W'), deren kartesisches Äquivalent (x', y', z') durch Normierung auf W' bestimmt wird.

$$\begin{pmatrix} X' \\ Y' \\ Z' \\ W' \end{pmatrix} = P_{per} \cdot \begin{pmatrix} X \\ Y \\ Z \\ W \end{pmatrix} \qquad (4.9)$$

mit

$$\underline{P}_{per} = \begin{pmatrix} 1 & 0 & 0 & 0 \\ 0 & 1 & 0 & 0 \\ 0 & 0 & 1 & 0 \\ 0 & 0 & \frac{-1}{c} & 0 \end{pmatrix} \qquad (4.10)$$

Dann gilt nämlich:

$$\begin{pmatrix} X' \\ Y' \\ Z' \\ W' \end{pmatrix} = \begin{pmatrix} X \\ Y \\ Z \\ \frac{-Z}{c} \end{pmatrix}$$

und damit

$$\begin{pmatrix} x' \\ y' \\ z' \end{pmatrix} = -\frac{c}{Z} \cdot \begin{pmatrix} X \\ Y \\ Z \end{pmatrix} = -\frac{c}{z} \cdot \begin{pmatrix} x \\ y \\ z \end{pmatrix}$$

4.1.2.5 Die homogene Transformationsmatrix

Man kann also die Regionen der 4×4-Transformationsmatrix $\underline{H}$ mit den Komponenten h_{ij} zusammenfassen zu Abbildung 4.3.

	1	2	3	4
1	Skalierung in x	Scherung	x = f(y,z)	Translation
2	Scherung	Skalierung in y	y = g(x,z)	Translation
3	Scherung	z = h(x,y)	Skalierung in z	
4	Perspektive			Zoom

Abbildung 4.3: Die Elemente der homogenen Transformationsmatrix

Mit dem Element h_{44} kann eine Gesamtskalierung (Zoom) vorgenommen werden, während die Elemente h_{ij} mit $i < 4$ und $j < 4$ auch unter Berücksichtigung der oben genannten Beziehungen für drei Winkel (z.B. für φ, ϑ, ψ) eine Rotation beschreiben können.

4.1.3 Eigenschaften der perspektivischen Projektion

Die oben mit $\underline{P}_{per}$ angegebene Matrix der perspektivischen Projektion beschreibt die sog. Zentralperspektive, bei der die Projektionsebene nur eine der Koordinatenachsen –

4.1 Komponenten der Kameraabbildung

hier die z-Achse – schneidet. Diese Situation kann man für Kameraabbildungen immer voraussetzen, da der Projektionspunkt fest auf der optischen Achse angenommen wird.

Einige Eigenschaften der perspektivischen Projektion sollen noch erwähnt werden.

- *Geradentreue*: Geraden bleiben bei der perspektivischen Transformation erhalten. Das bedeutet, daß Geraden in der dreidimensionalen Welt auch zu Geraden auf der Bildebene abgebildet werden. Für einen Beweis, der durch Einsetzen zu führen ist, sei auf [HARA80] verwiesen. Eine in einen einzigen Punkt entartete Gerade erhält man genau bei der Transformation einer Geraden in Blickrichtung. Dieser Effekt wird bei der Bestimmung der Raumkoordinate mit zwei Kameras ausgenutzt.

- *Keine Winkeltreue*: Die Winkel im perspektivisch abgebildeten Bild werden dagegen verändert. Das wirkt sich auch auf parallele Geraden aus, die sich bei der Zentralperspektive in einem Punkt schneiden, sobald die Geraden auch über eine Komponente in Blickrichtung (d.h. in z-Richtung des Kamerakoordinatensystems) verfügen. Dieser sog. Fluchtpunkt ([HARA80]: "vanishing point") liegt nicht notwendigerweise im sichtbaren Teil der Bildebene. Seien z.B. alle Geraden G mit dem Richtungsvektor (x_r, y_r, z_r) in Parameterform mit jeweils unterschiedlichen Ortsvektoren (x_0, y_0, z_0) im Kamerakoordinatensystem gegeben mit

$$G : (x, y, z) = (x_0, y_0, z_0) + \lambda(x_r, y_r, z_r),$$

dann gilt für den Fluchtpunkt (u_F, v_F) in der Bildebene nach der perspektivischen Transformation mit $\underline{P}_{per}$:

$$u_F = \lim_{\lambda \to \infty} -c \cdot \frac{x_0 + \lambda \cdot x_r}{z_0 + \lambda \cdot z_r} = -c \cdot \frac{x_r}{z_r}, \quad \text{analog} \quad v_F = -c \cdot \frac{y_r}{z_r} \qquad (4.11)$$

Die Fluchtpunktkoordinaten in der Bildebene sind unabhängig vom Ortsvektor (x_0, y_0, z_0) und ergeben sich somit in gleicher Weise für jede Gerade mit dem Richtungsvektor (x_r, y_r, z_r). Im geometrischen Modell werden die beiden Punkte der Geraden im Unendlichen nicht unterschieden. In der physikalischen Interpretation wird aber $\lambda \to +\infty$ beispielsweise dem sichtbaren Teil der Geraden vor der Kamera und $\lambda \to -\infty$ dem Teil hinter der Kamera und damit dem nicht sichtbaren Teil der Geraden entsprechen ([HARA80]).

- *Doppelverhältnis*: Ein wichtiges invariantes Merkmal in perspektivisch verzerrten Projektionen ist das sog. Doppelverhältnis von vier kollinearen Punkten. Liegen $P_i(x_i, y_i, z_i)$ ($i = 1 \ldots 4$) in dieser Folge auf einer Geraden im Raum, dann ist der Quotient η bei jeder projektiven Abbildung, Berechenbarkeit der Quotienten vorausgesetzt, konstant:

$$\eta = \frac{x_3 - x_1}{x_2 - x_3} : \frac{x_4 - x_1}{x_2 - x_4} = \frac{y_3 - y_1}{y_2 - y_3} : \frac{y_4 - y_1}{y_2 - y_4} = \frac{z_3 - z_1}{z_2 - z_3} : \frac{z_4 - z_1}{z_2 - z_4} \qquad (4.12)$$

Der Beweis findet sich in Lehrbüchern der analytischen Geometrie (z.B. in [FISC85]) und soll hier nicht wiederholt werden. Angewendet wird das Doppelverhältnis bei der Identifikation perspektivisch verzerrter Polygone (Abschnitt 5.4.2).

4.2 Bestimmung der Kameraparameter

Mit den eingeführten homogenen Koordinaten wird nun die Abbildung eines Punktes in der dreidimensionalen Welt auf die digitalisierte Bildebene einer realen Kamera modelliert. Die mathematische Darstellung einer perspektivischen Projektion wird zusammen mit Transformationen zwischen Welt- und Kamerakoordinaten benutzt, um die am Abbildungsprozeß beteiligten Komponenten zu beschreiben.

4.2.1 Die geometrische Transformation

Für das vollständige geometrische Modell der Videokamera wird eine schrittweise Verfeinerung mathematischer Beschreibungen vorgenommen. Ausgangspunkt ist die ideal perspektivisch abbildende Meßkammer der Photogrammetrie, bei der aufgrund der hohen Präzision eine Reihe von Fehlereinflüssen vernachlässigt werden kann. Bedingt durch die ungenauere Fertigung und die digitale Bildaufnahme muß auf diese Einflüsse bei Videokameras jedoch eingegangen werden. Dies geschieht durch Einfügen von Korrekturtransformationen, die letztlich die Kamerafehler kompensieren.

4.2.1.1 Innere und äußere Orientierung

Im photogrammetrischen Modell der Bildaufnahme wird zwischen der inneren und äußeren Orientierung unterschieden. Die innere Orientierung kennzeichnet das Übertragungsverhalten der Kamera, während die äußere Orientierung die Position und Ausrichtung der Kamera im Weltkoordinatensystem festlegt. Parameter der *inneren Orientierung* sind beispielsweise

u_h, v_h: die Verschiebung des Bildhauptpunktes mit einer Translationsmatrix $\underline{T}_h$ entsprechend Gl. (4.3)

c: die Kammerkonstante mit einer perspektivischen Projektionsmatrix $\underline{P}_c$ entsprechend Gl. (4.9).

Der Bildhauptpunkt ist der Durchstoßpunkt der optischen Achse durch die virtuelle Bildebene, angegeben im Bildkoordinatensystem (u, v), während die Kammerkonstante c dem Abstand der Bildebene vom Projektionszentrum nach Gl. (4.1) entspricht. Eine Kamera, die alleine mit diesen Parametern für viele Anwendungen genügend genau beschrieben werden kann, ist die in der Photogrammetrie übliche Meßkammer.

Blickt eine so modellierte Kamera auf eine Szene mit einem eigenen ortsfesten Weltkoordinatensystem (x, y, z), dann ist die Anordnung der Kamera in diesem Koordinatensystem wichtig für die Abbildung der Szenenpunkte auf die Bildpunkte. In der Photogrammetrie werden dafür die Parameter der sog. *äußeren Orientierung* ([KRAU86]) angegeben:

4.2 Bestimmung der Kameraparameter

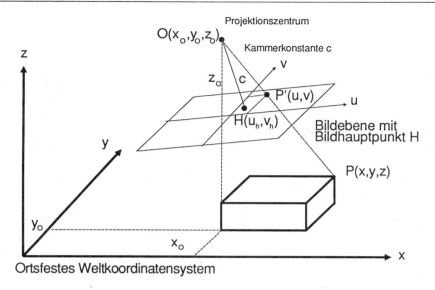

Abbildung 4.4: Transformation der Welt in die Bildebene

x_0, y_0, z_0: der Projektionspunkt im Weltkoordinatensystem mit einer Translationsmatrix $\underline{T}_0$ entsprechend Gl. (4.3) und

φ, ω, κ: die drei Winkel für die räumliche Orientierung der Projektionsebene mit einer Rotationsmatrix $\underline{R}_0$ entsprechend Gl. (4.6).

Die drei in der Photogrammetrie üblichen Winkelangaben φ, ω und κ für die Primär-, die Sekundär- und die Tertiärdrehung ([KRAU86]) sind analog zu den in Gl. (4.6) eingeführten Winkeln φ, ϑ und ψ zu verwenden. Hier kann also von einer Rotationsmatrix $\underline{R}_0$ ausgegangen werden, die als Produkt dreier Rotationsmatrizen $\underline{R}_\varphi$, $\underline{R}_\vartheta$, $\underline{R}_\psi$ entsprechend Gl. (4.6) entstanden sind. Die ideale Abbildung und ihre Parameter sind in Abbildung 4.4 eingezeichnet.

Das idealisierte Modell führt unter Verwendung von homogenen Matrizen für die Einflüsse der inneren und äußeren Orientierung $\underline{H}_i$ bzw. $\underline{H}_a$ zur Transformationsgleichung (4.13) der homogenen Weltkoordinaten $\tilde{r}_w$ in die idealen homogenen Kamerakoordinaten $\tilde{r}_i$.

Idealisiertes Kameramodell: (4.13)

$\tilde{r}_i = \underline{H}_i \cdot \underline{H}_a \cdot \tilde{r}_a$

mit $\underline{H}_a = \underline{R}_0 \cdot \underline{T}_0$ für die äußere Orientierung
und $\underline{H}_i = \underline{T}_h \cdot \underline{P}_c$ für die innere Orientierung

4.2.1.2 Erweiterung des idealisierten Modells

Videokameras genügen aufgrund der Ansprüche bei einer preiswerten Massenfertigung nicht den Genauigkeiten photogrammetrischer Meßkammern. Daher muß das idealisierte Modell erweitert werden. Die erste Erweiterung betrifft die relative Lage der Bildebene zur optischen Achse. Bei der idealisierten Meßkammer wird eine senkrechte Anordnung vorausgesetzt, die nun durch die *Verkippung der Bildebene* gegenüber der optischen Achse erweitert wird. Für die Beschreibung dieser Drehung sind zwei weitere Parameter der Drehung mit dem Winkel α um die x-Achse und mit dem Winkel β um die y-Achse erforderlich.

Darüberhinaus wird je nach Qualität des Linsensystems eine *Verzeichnungskorrektur* notwendig sein. Philips ([PHIL81]) hat Amateurobjektive für Spiegelreflexkameras untersucht und kommt zu dem Schluß, daß nach Abwägung des Genauigkeitsgewinns und des notwendigen Rechenaufwandes ein radialer Polynomansatz 5.Grades zur Beschreibung der Verzeichnung geeignet ist. Ein solcher radialer Ansatz besagt, daß sich Linsenfehler bei bekannter und gegenüber der Bildebene senkrecht ausgerichteter optischer Achse durch ausschließlich radiale Anteile auswirken. Tangentiale Fehler haben sich zumindest in den Untersuchungen von Philips als unkritisch erwiesen. Aufgrund ähnlicher Fertigungsverfahren für Objektive von Videokameras wird der Ansatz von Philips nach Gl. (4.14) übernommen, der einen radialen Positionsfehler $\Delta\rho$ abhängig vom ebenen Abstand ρ zur optischen Achse modelliert:

$$\Delta\rho = k_0 \cdot \rho + k_1 \cdot \rho^3 + k_2 \cdot \rho^5 \qquad (4.14)$$

Wegen der nicht festgelegten Zuordnung der lichtempfindlichen Elemente auf dem Chip zu den Bildpunkten im Bildspeicher müssen unterschiedliche *Skalierungsfaktoren* in x- und y-Richtung S_x bzw. S_y angegeben werden. Da bei der Chipfertigung sichergestellt werden kann, daß die Zeilen mit vernachlässigbarem Fehler parallel zueinander angeordnet sind, brauchen keine Scherungsparameter berücksichtigt zu werden.

Die Skalierungsfaktoren S_x und S_y können einfach nach einem von Lenz skizzierten Verfahren berechnet werden ([LENZ87]). Da der Bildzeilenabstand unabhängig von der Abtastfrequenz ist, kann er den Herstellerangaben zur vertikalen Bildpunktgröße p_y gleichgesetzt werden. Für die Bestimmung des horizontalen Abstands d_x benutzt Lenz das Verhältnis der Bildpunkttaktfrequenz ν_s der Kamera zur Abtastfrequenz des Analog-Digital-Wandlers ν_w. Das Verhältnis kann auch aus den Herstellerangaben zu ν_s und ν_w direkt bestimmt oder durch eine Fourieranalyse des Bildzeilensignals gewonnen werden. Die virtuelle Bildpunktgröße im Bildspeicher (d_x, d_y) und damit die Vorgabe von S_x und S_y wird also zu

$$d_x = \frac{\nu_s}{\nu_w} \cdot p_x \qquad d_y = p_y \qquad S_x = \frac{1}{d_x} \qquad S_y = \frac{1}{d_y} \qquad (4.15)$$

Das idealisierte Modell und die genannten Erweiterungen werden nun zur mathematischen Beschreibung des vollständigen geometrischen Kameramodells zusammengefaßt.

4.2.1.3 Mathematische Beschreibung

Mit den genannten Erweiterungen und den oben eingeführten homogenen Koordinaten ergeben sich die folgenden Transformationsschritte als Basis für die Kalibrierung von Videokameras. Eine Übersicht über die verwendeten Koordinatensysteme und Transformationen ist in Abbildung 4.8 weiter unten angegeben.

1. *Transformation der äußeren Orientierung mit der Matrix $\underline{H}_a$*
    Das Weltkoordinatensystem (Ortsvektor $\tilde{r}_w$) wird derart in ein Kamerakoordinatensystem (Ortsvektor $\tilde{r}_k$) transformiert, daß die negative z_k-Achse in die Blickrichtung der optischen Achse zeigt, das Projektionszentrum den Koordinatenursprung darstellt und das Kamerakoordinatensystem rechtsdrehend ist. Die einzelnen Schritte entsprechen dem idealisierten Kameramodell nach Gl. (4.13):

$$\tilde{r}_k = \underline{R}_0 \cdot \underline{T}_0 \cdot \tilde{r}_w = \underline{H}_a(x_0, y_0, z_0, \varphi, \vartheta, \psi) \cdot \tilde{r}_w \tag{4.16}$$

2. *Perspektivische Projektion mit der Matrix $\underline{P}_c$*
    Die Szene wird auf das Projektionszentrum in der Verzeichnungsebene $z_k = -c$ (Ortsvektor in der Verzeichnungsebene: $\tilde{r}_v$) mit einer Matrix $\underline{P}_c$ entsprechend Gl. (4.9) abgebildet:

$$\tilde{r}_v = \underline{P}_c(c) \cdot \tilde{r}_k \tag{4.17}$$

3. *Korrektur der Linsenfehler*

    - *mit einem Verzeichnungspolynom V*
      Nach dem in Gl. (4.14) skizzierten Ansatz wird eine radiale Verzeichnung zwischen der Verzeichnungsebene (Ortsvektor $\tilde{r}_v = (u_v, v_v, 0, 1)$) und der Abbildungsebene (Ortsvektor $\tilde{r}_a = (u_a, v_a, 0, 1)$) modelliert. Sei ρ_v bzw. ρ_a jeweils der kartesische Betrag $|(u, v, 0)|$ von $\tilde{r}_v$ bzw. $\tilde{r}_a$. Dann gilt

$$(u_a, v_a)^T = \frac{\rho_a}{\rho_v} \cdot (u_v, v_v)^T$$

      mit

$$\rho_a = V(\rho_v) = (1 + k_0) \cdot \rho_v + k_1 \cdot \rho_v^3 + k_2 \cdot \rho_v^5 \tag{4.18}$$

    - *mit einer Skalierungsmatrix $\underline{L}$*
      Der nichtlineare Ansatz nach Gl. (4.18) ist nicht als verkettbare homogene Matrix darstellbar. Ein linearisierter Ansatz bricht das Polynom nach dem ersten Glied ab und sieht eine konstante Skalierung mit $(1 + k_0)$ für x und y vor. Diese Skalierung kann als homogene Transformationsmatrix $\underline{L}(k_0)$ entsprechend Gl. (4.7) geschrieben werden:

$$\tilde{r}_a = L(k_0) \cdot \tilde{r}_v \tag{4.19}$$

4. *Transformation in die Chipebene mit der Matrix $\underline{C}$*
Das Koordinatensystem der Abbildungsebene wird in den Bildhauptpunkt mit der Translationsmatrix $\underline{T}_h$ (Verschiebungsvektor $(u_h, v_h, 0)$) verschoben, so daß die neue z_c-Achse auf der optischen Achse liegt. Daran werden zwei Drehungen mit den Rotationsmatizen $\underline{R}_\alpha$ und $\underline{R}_\beta$ (Winkel α und β) um den Bildhauptpunkt in zwei orthogonalen Achsen angeschlossen, um die Verkippung der Chipebene gegenüber der idealisierten Abbildungsebene zu kompensieren. Die Verkettung der drei Transformationsmatrizen bildet die Matrix $\underline{C}(\alpha, \beta, u_h, v_h)$:

$$\tilde{r}_c = \underline{R}_\alpha \cdot \underline{R}_\beta \cdot \underline{T}_h \cdot \tilde{r}_a = \underline{C}(\alpha, \beta, u_h, v_h) \cdot \tilde{r}_a \qquad (4.20)$$

5. *Skalierung auf Bildpunktindizes mit Matrix $\underline{S}$*
Die Transformation in die digitalisierte Bildebene (Ortsvektor $\tilde{r}_b$) erfolgt durch Skalierung mit $\underline{S}_x$ und $\underline{S}_y$ entsprechend Gl. (4.15) aus den Koordinaten in der Chipebene:

$$\tilde{r}_b = \underline{S}(S_x, S_y) \cdot \tilde{r}_c \qquad (4.21)$$

Die Bildpunktindizes (i, j) werden letztlich aus dem Ortsvektor $\tilde{r}_b = (x_b, y_b, z_b, w_b)$ durch die Normierung mit w_b gewonnen:

$$i = \frac{x_b}{w_b} \qquad j = \frac{y_b}{w_b} \qquad (4.22)$$

Ein bekannter Raumpunkt $\tilde{r}_w$ im Weltkoordinatensystem wird somit bei einem linearisierten Ansatz durch die Verkettung der homogenen Transformationsschritte 1,2,3b,4 und 5 eindeutig in die Bildpunktindizes (i, j) entsprechend Gl. (4.23) überführt:

Idealisiertes Kameramodell: (4.23)
$\tilde{r}_b = \underline{S}(S_x, S_y) \cdot \underline{C}(\alpha, \beta, u_h, v_h) \cdot \underline{L}(k_0) \cdot \underline{P}_c(c) \cdot \underline{H}_a(x_0, y_0, z_0, \varphi, \vartheta, \psi) \cdot \tilde{r}_w$

Die Umkehrung ist aufgrund der perspektivischen Transformation nicht eindeutig, da jeder Punkt in der Bildebene für eine Gerade im Raum und damit für unendlich viele Punkte steht. Aus den Parametern der Gl. (4.23) ist die Angabe dieser Geraden für jeden Bildpunkt möglich. Damit kann bei Angabe von zusätzlichen Bedingungen, z.B. durch die Festlegung einer Ebene, in der Objekte einer Szene angeordnet sind, die eindeutige dreidimensionale Lage eines Raumpunktes auch schon aus einer Kameraansicht gewonnen werden.

Ist die Annahme eines linearisierten Ansatzes für die Linsenverzeichnung (Schritt 3b) nicht haltbar, so muß Gleichung (4.23) in zwei homogene Anteile und die nichtlineare Verzeichnungskorrektur nach Schritt 3a aufgeteilt werden.

Vollständiges geometrisches Kameramodell: (4.24)
$\tilde{r}_v = P_c(c) \cdot H_a(x_0, y_0, z_0, \varphi, \vartheta, \psi) \cdot \tilde{r}_w$
$\tilde{r}_a = V((k_0, k_1, k_2), r_v)$
$\tilde{r}_b = S(S_x, S_y) \cdot C(\alpha, \beta, u_h, v_h) \cdot \tilde{r}_a$

Während Gl. (4.23) 14 unbekannte Parameter enthält, sind bei Gl. (4.24) 16 Unbekannte zu bestimmen. In beiden Fällen sind hochgradig nichtlineare Gleichungssysteme angegeben, die sich einer analytischen Lösung entziehen und entsprechende numerische Iterationsverfahren erfordern. Bevor die dazu notwendigen Lösungsverfahren und deren Randbedingungen diskutiert werden, soll auf die einfacher zu handhabende Direkte Lineare Transformation eingegangen werden.

4.2.2 Direkte Lineare Transformation

Die Direkte Lineare Transformation setzt die Koordinaten eines Bildpunktes als Ergebnis einer einzigen allgemeinen Transformation von homogenen Koordinaten des entsprechenden Objektpunktes an. Die benutzte Matrix kann als Produkt aller an der Abbildung beteiligten Transformationsmatrizen entsprechend Gl. (4.23) verstanden werden. Die dabei auftretenden Koeffizienten können bei einer genügenden Anzahl von Paßpunkten durch Lösen eines linearen Gleichungssystems berechnet werden.

Als Beispiel sei das Verfahren von Wu et.al. ([WUWA84]) skizziert, das die Bestimmung der Koeffizienten der 4 × 3 Matrix $\underline{H}_{DLT}$ zum Ziel hat. Die zweidimensionalen homogenen Bildkoordinaten (u, v, t) ergeben sich durch die Multiplikation der Matrix $\underline{H}_{DLT}$ (Koeffizienten h_{ij}) mit dem homogenen Ortsvektor $(x, y, z, 1)$ nach Gl. (4.25).

Kameramodell der Direkten Linearen Transformation: (4.25)

$$\begin{pmatrix} u \\ v \\ t \end{pmatrix} = \begin{pmatrix} h_{11} & h_{12} & h_{13} & h_{14} \\ h_{21} & h_{22} & h_{23} & h_{24} \\ h_{31} & h_{32} & h_{33} & h_{34} \end{pmatrix} \cdot \begin{pmatrix} x \\ y \\ z \\ 1 \end{pmatrix}$$

Die Bildpunktindizes (i, j) ergeben sich unmittelbar durch Normierung der homogenen Bildkoordinate (u, v, t) auf t. Eine z-Komponente der Bildkoordinaten und die zugehörige Zeile der Matrix $\underline{H}_{DLT}$ wird nicht zur Bestimmung der Bildkoordinaten benutzt und kann daher entfallen. Für die Bestimmung der 12 Koeffizienten werden mindestens 6 Paßpunkt-Bildpunkt-Kombinationen ausgewählt. Die minimale quadratische Fehlersumme läßt sich für n Punktpaare darstellen als

$$\begin{aligned} E_{DLT} = \sum_{i=1}^{n} (& h_{11} \cdot x_i + h_{12} \cdot y_i + h_{13} \cdot z_i + h_{14} - u_i + \\ & h_{21} \cdot x_i + h_{22} \cdot y_i + h_{23} \cdot z_i + h_{24} - v_i + \\ & h_{31} \cdot x_i + h_{32} \cdot y_i + h_{33} \cdot z_i + h_{34} - t_i)^2 \end{aligned}$$

Der Fehler in den Koeffizienten der Matrix $\underline{H}_{DLT}$ wird minimiert, indem die partiellen Ableitungen $\frac{\partial E}{\partial h_{i,j}}$ zu Null gesetzt werden. Wu gibt daraus die folgende Matrixgleichung zur Bestimmung von $\underline{H}_{DLT}$ an:

Sei $\underline{D}$ eine Matrix aus Spaltenvektoren der homogenen Bildkoordinaten (u_i, v_i, t_i), und $\underline{W}$ eine Matrix aus Spaltenvektoren der homogenen Objektkoordinaten. Dann gilt:

$$\underline{H}_{DLT} = \underline{D} \cdot \underline{W}^T \cdot (\underline{W} \cdot \underline{D}^T)^{-1} \qquad (4.26)$$

Auch wenn Wu nur genau 6 Punktpaare zur Kalibrierung benutzt, so gibt er den Fehler $\tilde{e}_c = \underline{H}_{DLT} \cdot (x, y, z, 1)^T - (u, v, t)$ nach Normierung in der Bildebene kleiner als einen Bildpunktabstand (bei einer angegebenen Kameraauflösung von nur 100 × 100 Bildpunkten) an. Diese Werte konnten auch für höhere Auflösungen verifiziert werden.

4.2.3 Vergleich der beiden Kameramodelle

Die beiden vorgestellten Kameramodelle zielen auf unterschiedliche Anwendungen und Genauigkeiten. Im folgenden sollen zunächst die Grenzen des einfacheren Modells der Direkten Linearen Transformation aufgezeigt werden. Die Herleitung einiger Umrechnungsgleichungen zwischen den Parametern wird einen wichtigen Beitrag für die Lösung des Gleichungssystems der exakteren geometrischen Transformation liefern.

4.2.3.1 Grenzen des DLT-Modells

Die Direkte Lineare Transformation stellt sich als lineares 12-Parameterproblem dar. Sie ist ein einfaches Modell für die im linearisierten Kameramodell (Gl. (4.23)) enthaltenen Effekte, da diese insgesamt durch eine homogene Transformationsmatrix beschrieben werden können.

Problematisch ist dabei, daß die einzelnen zu bestimmenden Koeffizienten nicht unabhängig voneinander sind. Jeder einzelne Koeffizient der Matrix wird von mehreren physikalischen Aspekten beeinflußt. Hinzu kommt, daß einige der in der Formulierung nach Gl. (4.23) genannten Parameter untereinander stark korreliert sind. Besonders kritisch sind die verschiedenen Skalierungen im Hinblick auf nur linear angenommene Linsenverzeichnungen und Verkippungen der Bildebene.

Die direkte Auswertung einer einfachen geometrischen Transformation haben Ishii et.al. ([ISHI87]) für die Positionserkennung von Leuchtdioden mit Hilfe von PSD-Kameras (Position-Sensitive-Devices) vorgenommen. Diese Kameras liefern unmittelbar die zweidimensionalen Schwerpunktkoordinaten der beobachteten Lichtverteilung als zwei Analogsignale. Aufgrund ihrer genaueren Fertigung und der werkseitigen Kalibrierung kann ein auf den Nullpunkt der Analogsignale kalibrierter Bildhauptpunkt vorausgesetzt werden. Dadurch reduziert sich der bereits idealisierte Ansatz aus Gl. (4.13) auf ein nichtlineares Gleichungssystem mit sieben Unbekannten (Kammerkonstante c und 6 Unbekannte der äußeren Orientierung).

Die Umsetzung der angegebenen Lösung auf die ungenaueren Videokameras zeigte selbst nach Hinzunahme der Bildhauptpunktkorrektur ein sehr ungünstiges Verhalten bei der von Ishii vorgeschlagenen numerischen Iteration. Eine ausreichende Konvergenz wurde immer nur in einem sehr engen Bereich um den Lösungsvektor beobachtet und die schlechte Konditionierung des Gleichungssystems führte zum Aufsuchen falscher Nebenminima bei unvorsichtiger Vorgabe des Startvektors. Die von Ishii genannte Anwendung der Verfolgung von bewegten Raumpunkten kann zumindest eine geeignete Startpunktvorgabe aus dem unmittelbar davor berechneten Raumpunkt sicherstellen. Die allgemeinere Zielsetzung dieser Arbeit läßt diese Voraussetzung nicht zu.

Demgegenüber waren Probleme bei der Lösung der Direkten Linearen Transformation nur zu beobachten, wenn die Paßpunkte annähernd in einer Ebene lagen. Eine ausführlichere Behandlung der Direkten Linearen Transformation auch im Hinblick auf die Fehlerrechnung hat Krauß für seine Anwendung vorgenommen ([KRAU83]). Er schlägt für die Vermessung von Objekten mit Hilfe der nichttopographischen Photogrammetrie ein Verfahren auf der Basis vieler Einzelbilder und Paßpunkte vor. Das Verfahren macht bei einem der DLT entsprechenden Ansatz für das Kameramodell aufgrund der Überbestimmtheit des Gleichungssystems Gebrauch von der Ausgleichsrechnung.

Die in der Arbeit von Krauß als Kamera verwendete Meßkammer kann als kalibriert angenommen werden, so daß Fehler durch die Abbildung zu vernachlässigen sind. Dadurch brauchen nur neun Parameter bestimmt zu werden. Diese Voraussetzung kann hier bei der Verwendung handelsüblicher Videokameras aufgrund der Diskretisierung der Bildebene und der ungenaueren Fertigung nicht aufrechterhalten werden. Aus diesem Grund wird im folgenden ein Lösungsverfahren für das Gleichungssystem (4.24) entwickelt, das alle zusätzlichen Parameter mitberücksichtigt.

4.2.3.2 Umrechnungen zwischen den beiden Modellen

Die Bestimmung der Parameter des vollständigen Modells macht eine zuverlässige Startvektorschätzung für die Lösung des nichtlinearen Gleichungssystems erforderlich. Die Direkte Lineare Transformation enthält eine vollständige Beschreibung für das nichtkorrigierte idealisierte Modell mit seinen neun Parametern der inneren und äußeren Orientierung entsprechend Gl. (4.13). Gelingt eine Umrechnung von den 12 Koeffizienten der DLT-Matrix in die Orientierungsparameter, dann können diese Werte Bestandteil des Startvektors werden.

Krauß ([KRAU83]) hat die Umrechnungen für die von ihm verwendeten Meßkammern bereits in beiden Richtungen durchgeführt. Seine Lösung soll daher im folgenden nur angegeben werden. Er multipliziert dazu die Gleichungen (4.13) aus und erhält nach einigen Umformungen die Koeffizienten der DLT-Matrix in Abhängigkeit von den neun Parametern der inneren und äußeren Orientierung:

Sei $\underline{H}$ die Transformationsmatrix für die Zuordnung eines homogenen Bildpunktes (u, v, t) zum Objektpunkt (x, y, z, w):

$$(u, v, t)^T = \underline{H} \cdot (x, y, z, w)^T. \qquad (4.27)$$

So können die 12 Koeffizienten h_{ij} wegen der homogenen Darstellung dadurch auf 11 verringert werden, indem auf Koeffizienten b_{ij} einer Matrix $\underline{B}$ übergegangen wird, bei denen gilt:

$$b_{ij} = \frac{h_{ij}}{h_{34}} \qquad (i = 1\ldots 3;\; j = 1\ldots 4).$$

Diese Koeffizienten ergeben sich mit $j = 1\ldots 3$ dann zu

$$\begin{aligned}
b_{1j} &= \frac{c \cdot m_{1j} - u_h \cdot m_{3j}}{m_{31} \cdot x_0 + m_{32} \cdot y_0 + m_{33} \cdot z_0} \\
b_{2j} &= \frac{c \cdot m_{2j} - v_h \cdot m_{3j}}{m_{31} \cdot x_0 + m_{32} \cdot y_0 + m_{33} \cdot z_0} \\
b_{3j} &= \frac{-m_{3j}}{m_{31} \cdot x_0 + m_{32} \cdot y_0 + m_{33} \cdot z_0} \\
b_{14} &= -b_{11} \cdot x_0 - b_{12} \cdot y_0 - b_{13} \cdot z_0 \\
b_{24} &= -b_{21} \cdot x_0 - b_{22} \cdot y_0 - b_{23} \cdot z_0 \\
b_{34} &= 1 (\text{lt. Def.})
\end{aligned} \qquad (4.28)$$

Die verwendeten Formelzeichen haben die Bedeutung:

m_{ij}: Koeffizienten der räumlichen Drehmatrix für die Winkel φ, ω, κ oder φ, ϑ, ψ
u_h, v_h: Bildhauptpunkt in Kamerakoordinaten
x_0, y_0, z_0: Projektionszentrum in Weltkoordinaten
c: Kammerkonstante der Kamera.

Umgekehrt können die neun Parameter der idealisierten geometrischen Lösung durch folgende Gleichungen aus den Elementen der Matrix $\underline{B}$ bestimmt werden.

Die Parameter der inneren Orientierung sind:

$$u_h = \frac{A_{13}}{A_{33}} \qquad v_h = \frac{A_{23}}{A_{33}} \qquad c = \sqrt{\frac{A_{11} - \frac{A_{13}}{A_{33}}}{A_{33}}} \qquad (4.29)$$

und die Parameter der äußeren Orientierung:

x_0, y_0, z_0: Das Projektionszentrum ist Lösung des linearen Gleichungssystems

$$\underline{B} \cdot (x_0, y_0, z_0, 1)^T = (0, 0, 0)^T.$$

$$m_{1j} = \frac{b_{1j} - u_h \cdot b_{3j}}{\sqrt{A_{33}} \cdot c} \qquad m_{2j} = \frac{b_{2j} - v_h \cdot b_{3j}}{\sqrt{A_{33}} \cdot c} \qquad m_{3j} = -\frac{b_{3j}}{\sqrt{A_{33}}}$$

mit der Abkürzung:

$$A_{ij} = b_{i1} \cdot b_{j1} + b_{i2} \cdot b_{j2} + b_{i3} \cdot b_{j3}$$

4.3 Rechnergestützte Kamerakalibrierung

Nach Diskussion der beiden Kameramodelle soll nun die rechnergestützte Kalibrierung von Videokameras zur Gewinnung der Parameter einer geometrischen Transformation erörtert werden. Dies wird in dreierlei Hinsicht geschehen. Zuerst wird die Lösung des nichtlinearen Gleichungssystems mit den dabei zu beachtenden Randbedingungen diskutiert. Das für die Messungen zugrundeliegende Paßpunktgestell und seine Vermessung mit Hilfe geodätischer Werkzeuge ist der zweite Aspekt, während abschließend auf die rechentechnische Realisierung einer automatischen Kalibrierung eingegangen wird.

4.3.1 Lösung des nichtlinearen Gleichungssystems

Die Kalibrierung von Videokameras stellt sich als die Bestimmung des Parametervektors $\vec{p}_h$ des verwendeten Kameramodells dar (mit h Elementen $7 \leq h \leq 16$). Dazu sei eine ausreichende Zahl n ($2n > h$) genau vermessener Paßpunkte im Weltkoordinatensystem gegeben, die sicher nicht alle in einer Ebene liegen, damit Koordinatenanteile senkrecht zu einer solchen Ebene auch noch genau bestimmt werden können. Dann kann, nachdem die Paßpunktszene mit der zu kalibrierenden Kamera abgebildet und alle Paßpunkte entsprechenden Bildpunkten zugeordnet wurden, die Gl. (4.24) n-mal mit bekannten $\tilde{r}_b$ und $\tilde{r}_w$ aufgestellt werden. Die zu bestimmenden Unbekannten sind die in nichtlinearen Zusammenhängen auftretenden h Elemente des Parametervektors $\vec{p}_h$ in den zwei Gleichungen für die Bildpunktindizes i_k und j_k jedes Paßpunktes mit den Weltkoordinaten (x_k, y_k, z_k):

$$F_i((x_k, y_k, z_k), \vec{p}_h) - i_k = 0$$
$$F_j((x_k, y_k, z_k), \vec{p}_h) - j_k = 0 \qquad (4.30)$$

z.B. mit
$$\vec{p}_{16} = (x_0, y_0, z_0, \varphi, \vartheta, \psi, c, k_0, k_1, k_2, \alpha, \beta, u_h, v_h, S_x, S_y) \qquad (4.31)$$

Die Lösung der nichtlinearen Gleichungssysteme (4.13), (4.23) oder (4.24) kann durch die Newton-Raphson-Methode durchgeführt werden ([JORD78]). Dazu wird die Taylorreihe der Funktionen F_i und F_j nach den unbekannten Parametern $\vec{p}_h$ um einen Startvektor $\vec{p}_h^{(0)}$ entwickelt und nach dem ersten Glied abgebrochen.

$$F_i((x_k, y_k, z_k), \vec{p}_h^{(0)}) - i_k \approx \frac{\partial F_i}{\partial \vec{p}_h} \cdot \Delta \vec{p}_h$$
$$F_j((x_k, y_k, z_k), \vec{p}_h^{(0)}) - j_k \approx \frac{\partial F_j}{\partial \vec{p}_h} \cdot \Delta \vec{p}_h \qquad (4.32)$$

Das lineare Gleichungssystem (4.32) wird dann im ersten Schritt nach den Veränderungen $\Delta \vec{p}_h = \Delta \vec{p}_h^{(0)}$ aufgelöst, wobei die Funktionalmatrix ($\frac{\partial F_i}{\partial \vec{p}_h}, \frac{\partial F_j}{\partial \vec{p}_h}$) an der Stelle

$\vec{p}_h^{(0)}$ eingesetzt wurde. Im nächsten Schritt wird der Startvektor in Gl. (4.32) durch $\vec{p}_h^{(0)} + \Delta\vec{p}_h^{(0)}$ ersetzt und das Gleichungssystem erneut aufgelöst. Diese Vorschrift wird iterativ solange durchgeführt, bis $\Delta\vec{p}_h^{(0)}$ hinreichend klein wird.

Die analytische Ermittlung der umfangreichen Funktionalmatrix und die Umsetzung auf ein numerisches Rechenprogramm ist fehleranfällig bei der Kodierung und kritisch im Rahmen der numerischen Genauigkeit. Angeregt durch die Untersuchungen von Philips ([PHIL81]) wurde daher weitgehend der Differenzenquotient verwendet, der gegenüber dem Differentialquotienten ein nur geringfügig schlechteres Konvergenzverhalten aufweist.

Die Lösung des nichtlinearen Gleichungssystems auf der Basis eines linearisierten Ansatzes wirft zwei Probleme auf. Für eine ausreichende Konvergenz des Iterationsverfahrens ist zum einen die Angabe eines geeigneten Startvektors notwendig. Zum anderen muß sichergestellt sein, daß die zu bestimmenden Parameter genügend gering korreliert sind, um die sonst vorhandene Schwingneigung des Ergebnisses bei der Iteration zu dämpfen.

4.3.1.1 Vorgabe von Startvektoren

Die Vorgabe geeigneter Startpunkte des Parametervektors ist essentiell für das Lösungsverfahren, da nur in der Nähe des gesuchten Parametervektors ein zuverlässig konvergentes Verhalten beobachtet werden konnte. Bei einer nicht allzu ungenauen Schätzung der Parameter der äußeren Orientierung und der Kenntnis der Objektivbrennweite als Maß für die Kammerkonstante c der Kamera erwies sich die Vorgabe der restlichen inneren Orientierungsparameter mit Werten eines idealen Modells (keine Verzeichnung, keine Verkippung, Skalierung aus der Angabe der Kameraherstellers für die reale Bildpunktgröße p_x, p_y) als im gesamten Bildfeld ausreichend.

An dieser Stelle ist der Einsatz der Direkten Linearen Transformation und der oben angegebenen Umrechnungsformeln (4.29) sinnvoll. Die Parameter der äußeren und inneren Orientierung können unmittelbar aus den Koeffizienten der Matrix $\underline{H}$ bestimmt werden und dienen dann zusammen mit der Vorgabe $a = b = 0$, $k_0 = k_1 = k_2 = 0$, $S_x = \frac{1}{p_x}$ und $S_y = \frac{1}{p_y}$ als Startvektor für die Iteration aus Gl. (4.32).

So ergibt sich der Startvektor $\vec{p}_{16}^{(0)}$ zu

$$\vec{p}_{16}^{(0)} = (x_0, y_0, z_0, \varphi, \vartheta, \psi, c, k_0 = 0, k_1 = 0, k_2 = 0, \alpha = 0, \beta = 0, u_h, v_h),$$

wobei die aus Gl. (4.29) berechneten Werte der DLT-Parameter für x_0, y_0, z_0, φ, ϑ, ψ, c, u_h, v_h eingesetzt werden.

4.3.1.2 Korrelation zwischen den Parametern

Die einzelnen Parameter des geometrischen Modells können nur indirekt im mathematischen Zusammenhang des gesamten Modells bestimmt werden. Dabei existieren Parameterkombinationen für Gl. (4.24), die die schrittweise Verbesserung $\Delta\vec{p}_h$ aus Gl.

4.3 Rechnergestützte Kamerakalibrierung

(4.32) in die gleiche Richtung verändern. Die Kondition des Gleichungssystems hängt unter anderem davon ab, wieviele solcher Kombinationen existieren.

Die physikalische Anschauung macht klar, daß beispielsweise die Skalierungsparameter und der Verkippungswinkel stark korreliert sind. Eine Verkippung mit einem kleinen Winkel um die x-Achse beeinflußt in ähnlicher Weise den virtuellen Auftreffort von Sehstrahlen auf der Bildebene wie die Annahme einer Größenänderung der Bildpunktfläche in y-Richtung. Daher ist die Vorgabe der Skalierungsfaktoren S_x und S_y nach Gl. (4.15) sinnvoll, während nur noch die Kippwinkel in das Modell eingehen. Analog ist erkennbar, daß die Korrelation des Linsenparameters k_0 mit den Verkippungswinkeln kritisch ist und deshalb die Setzung von $k_0 = 0$ sinnvoll ist. Diese Vorgaben ermöglichen nun mit der Wahl eines geeigneten Startvektors eine sichere Lösbarkeit des Gleichungssystems für ein 13-Parameterproblem.

Die ermittelten Parameter spiegeln nicht die volle physikalische Wirklichkeit wider, sondern führen nur zu einer fehlerminimierenden Wirkung im Rahmen des Modells. So spricht ein hoher Wert für einen der Verkippungswinkel nicht zwangsläufig für eine entsprechend ungenaue Fertigung, da durchaus auch eine ungenaue Schätzung der Skalierungsparameter Anteil an diesem Wert haben kann. Die zur Kalibrierung benutzten Paßpunkte sind letztlich nur die Stützstellen, an denen das benutzte Modell einen minimalen Fehler besitzt.

Ein Maß für die Kondition des Gleichungssystems mit der Angabe der kritischen Parameterkombinationen ist die sog. Korrelationsmatrix. Sie wird nach dem Gewichtsfortpflanzungsgesetz aus der Kovarianzmatrix des Normalgleichungssystems berechnet und soll wegen der ausführlichen Behandlung in [REIS76] nicht weiter hergeleitet werden. Der verwendete Lösungsalgorithmus gewinnt aus dem Normalgleichungssystem die Korrelationskoeffizienten, die durch Normierung zwischen -1 für eine inverse Übereinstimmung über 0 für eine fehlende Korrelation bis +1 für maximale Übereinstimmung liegen. Tabelle 4.1 zeigt beispielsweise typische absolute Korrelationskoeffizienten zwischen den 9 Parametern eines verzeichnis- und verkippungsfreien Kameramodells.

	x_0	y_0	z_0	φ	ϑ	ψ	c	u_h	v_h
x_0	1.0000	.	.	.	.	.	.	.	.
y_0	0.0081	1.0000	.	.	.	.	.	.	.
z_0	0.0398	0.1113	1.0000	.	.	.	.	.	.
φ	0.0012	0.1515	0.1069	1.0000	.	.	.	.	.
ϑ	0.1792	0.0080	0.0199	0.0627	1.0000	.	.	.	.
ψ	0.1752	0.0377	0.0017	0.1316	0.1147	1.0000	.	.	.
c	0.0309	0.1551	0.9367	0.1456	0.0270	0.0081	1.0000	.	.
u_h	0.1746	0.1312	0.0494	0.5876	0.7695	0.1832	0.0667	1.0000	.
v_h	0.1543	0.1231	0.0889	0.7069	0.7489	0.0010	0.1170	0.1549	1.0000

Tabelle 4.1: Korrelationskoeffizienten

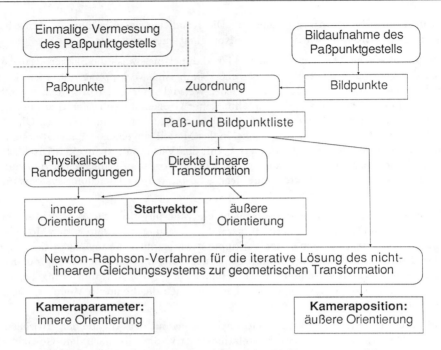

Abbildung 4.5: Rechnerischer Ablauf des Kalibrierungsverfahrens

4.3.1.3 Zusammenfassung des Lösungsverfahrens

Der gesamte rechnerische Teil des Verfahrens ist in Abbildung 4.5 zusammengefaßt. Ausgehend von der einmaligen geodätischen Vermessung der Paßpunkte wird durch Extraktion der Paßpunktbilder und durch ihre Zuordnung zu den räumlichen Koordinaten das für die Kalibrierung benötigte Datenmaterial zusammengestellt. Das zweistufige Lösungsverfahren benutzt zunächst die Direkte Lineare Transformation zur Schätzung des Startvektors und geht dann zur iterativen Bestimmung der Kameraparameter und der Kameraposition über.

Die Ergebnisse werden letztlich in maschinenlesbaren Kalibrierungsprotokollen festgehalten. Der Aufbau und einige Beispiele befinden sich im Anhang unter A.4.

4.3.2 Das Paßpunktgestell

In der bisherigen Diskussion wurde das Problem der Vorgabe von Paßpunktkoordinaten im Weltkoordinatensystem als gelöst angenommen. Die in dieser Arbeit angewandte Methode zur Generierung von Paßpunkten soll nun im folgenden behandelt werden. Dazu werden die Koordinaten geeigneter Markierungen auf einem Gestell durch ein geodätisches Vermessungsverfahren erfaßt. Mit Hilfe dreier ausgesuchter Markierungen wird innerhalb des Paßpunktgestells ein Koordinatensystem definiert und alle weiteren Koordinaten relativ dazu bestimmt und abgelegt. Die Koordinaten dienen dann als für die bei der oben skizzierten Kalibrierung erforderlichen Raumpunkte.

4.3.2.1 Anforderungen und Realisierung

Ein räumliches Paßpunktgestell kann durch übliche Werkzeugmaschinen nur schwer mit Markierungen in einer Genauigkeit von besser als 0.1mm hergestellt werden, wenn eine Größe von ca. 0.6m in allen drei Dimensionen erreicht werden soll. Soll darüberhinaus sichergestellt werden, daß die einzelnen Paßpunktpositionen aus möglichst vielen Richtungen sichtbar sind, muß auch nach der Fertigung eine Justierung der Paßpunktpositionen möglich sein. Aus diesem Grund erschien es sinnvoller, ein möglichst stabiles, verspannungsfreies Gestell zur Verfügung zu haben, an dem die Paßpunktpositionen möglichst gleichverteilt über der Bildfläche einer Kamera angenommen und durch eine initiale Vermessung in der geforderten Genauigkeit festgelegt werden können.

Abbildung 4.6: Paßpunktgestell und vergrößerte Markierung

Das verwendete Paßpunktgestell besteht aus einer quadratischen Grundplatte, auf der ein Dreibein befestigt ist. Am Dreibein und auf der Grundplatte sind 39 runde, abgeflachte Leuchtdioden als Markierung angebracht (Abbildung 4.6). Die Leuchtdioden (Durchmesser 5mm) wurden entweder in die Grundplatte eingelassen oder in entsprechende Halterungen (Grundfläche 20mm × 20mm) integriert. Sowohl die Grundplatte als auch die Halterungen wurden zur leichteren automatischen Detektion mit mattschwarzem Lack behandelt.

4.3.2.2 Vermessung der Paßpunkte

Die Vermessung erfolgte mit zwei Feinmeßtheodoliten und einer hochgenauen 2m-Basislatte. Die beiden Theodoliten wurden in einem Abstand von etwa 7m zueinander und einem Basisabstand zum Objekt von etwa 5m aufgestellt (Abbildung 4.7). Die Vermessung der Anordnung der Theodoliten untereinander wurde mit Hilfe der Basislatte und einer Zielmarke entsprechend des bei [GROS75] skizzierten Verfahrens durchgeführt.

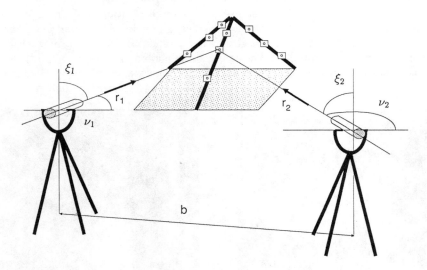

Abbildung 4.7: Meßanordnung für die Bestimmung der Paßpunktkoordinaten

In einem ersten Schritt wurde die gemeinsame Basisrichtung der zuvor zentrierten und horizontierten Theodoliten durch wechselseitiges Vermessen der Zielmarke auf dem jeweilig anderen Stativ festgelegt. Die Basislatte, die aus einem leichten Metallrohr besteht und statt einer der beiden Theodoliten auf dem Stativ befestigt wird, trägt an den beiden Enden zwei sorgfältig ausgebildete Marken, deren Abstand s mit Hilfe einer temperaturkompensierten Einrichtung auf genau 2m gehalten wird. Die Latte wird horizontal ausgerichtet und mit Hilfe eines Diopters normal zur Ziellinie eingestellt. Der Basisabstand b wird vom zweiten Theodoliten aus der Messung des parallaktischen Winkels γ zwischen den beiden Marken bestimmt und ergibt sich zu $b = \frac{s}{2} \cdot \cot \frac{\gamma}{2}$.

4.3 Rechnergestützte Kamerakalibrierung

Mit einem auf diese Art eingemessenen Theodolitenpaar wurden dann die Positionen der einzelnen Paßpunkte durch räumlichen Vorwärtsschnitt ermittelt. Dazu liefert jeder Theodolit den sog. Zenitabstand zwischen der Peilung des Paßpunktes und der Vertikalen sowie den Horizontalwinkel als Drehwinkel in der Horizontalebene. Mit diesen vier Beobachtungen je Paßpunkt ist die Koordinate des Paßpunktes durch den Schnitt der beiden Strahlen überbestimmt. Daher nimmt man im allgemeinen windschiefe Geraden an, deren Punkte mit dem geringsten Abstand zur Berechnung des wahrscheinlichsten Punktes ausgenutzt werden. Dann gilt bei entsprechenden Horizontalwinkeln ν_i und Zenitabständen ξ_i ($i = 1, 2$) für die nach dem Verfahren von Waldhäusl ([WALD79]) benötigten Raumrichtungen $\vec{r}_i$:

$$\vec{r}_i = (\sin \xi_i \cdot \sin \nu_i, \ \sin \xi_i \cdot \cos \nu_i, \ \cos \xi_i) \qquad (4.33)$$

Auf das vollständige Verfahren wird in Abschnitt 6.3.2 im Zusammenhang mit der stereoskopischen Raumpunktvermessung eingegangen, da dieser sog. Vorwärtsschnitt beim Einsatz sowohl von zwei Theodoliten als auch von zwei Videokameras eingesetzt werden kann. Es liefert ein Fehlermaß zur Kontrolle der Messungen als minimalen Abstand zwischen den beiden Peilstrahlen.

Die Positionen der 39 Paßpunkte konnten durch Mehrfachmessung in beiden Lagen der Theodoliten (siehe [GROS75] für den Umgang mit Theodoliten) mit einer Genauigkeit von besser als 0.1mm gemessen werden. Eine Liste der Paßpunkte befindet sich im Anhang A.3.

4.3.3 Die Kalibrierungsprozedur

Die automatische Kalibrierung der Videokamera ist durch das rechnergesteuerte Ein- und Ausschalten der einzelnen Leuchtdioden sichergestellt. Mit Hilfe einer Differenzaufnahme wird dabei der Einfluß des Umgebungslichts weitgehend unterdrückt. Da zu einem Zeitpunkt immer nur eine Leuchtdiode in Funktion ist, kann der helle Fleck im Differenzbild einfach detektiert werden. Unterstützt wird die leichte Detektierbarkeit durch den mattschwarzen Hintergrund der Markierung, der eine Reflexion und dadurch eine eventuell falsche Deutung des Lichtflecks vermeidet.

Der Kalibrierungsvorgang gliedert sich in drei Phasen:

1. *Überprüfung der einzelnen Leuchtdioden auf Sichtbarkeit und Koplanarität*
   Die Sichtbarkeit kann durch den begrenzten Blickwinkel der Kamera oder durch Selbstverdeckung des Paßpunktgestells beeinflußt sein. Nur genügend sichtbare Markierungen werden mit ihren geodätisch vermessenen Raumkoordinaten in eine Liste eingetragen. Die Überprüfung auf Koplanarität und auf ausreichend gleichmäßige Verteilung der sichtbaren Markierungen im Raum und auf der Bildebene führt gegebenfalls zum Abbruch der Kalibrierung.

2. *Erfassung der sichtbaren Markierungen*
   Die sichtbaren Markierungen werden einzeln erfaßt und auf den mattschwarzen

Hintergrund der Markierung rechteckig begrenzt. Die Ausschnitte werden gleichsam aus dem Bild ausgestanzt und zur späteren Überprüfung oder zur Verwendung alternativer Kalibrationsroutinen auf einer Datei abgelegt. Die Vermessung der Markierung erfolgt durch Schwerpunktbestimmung des vorverarbeiteten Lichtflecks. Bedingt durch die Abmessungen von Halterung und Leuchtdiode wird der Bereich einer Kreisscheibe mit etwa vierfachem Leuchtdiodendurchmesser berücksichtigt.

3. *Rechnerische Lösung des nichtlinearen Gleichungssystems*
Entsprechend dem in Abschnitt 4.3.1 beschriebenen Formalismus wird das nichtlineare Gleichungssystem unter Protokollierung der Zwischenschritte gelöst.

Zum Abschluß der Kalibrierungsprozedur liegt eine maschinenlesbare Datei mit den Kameraparametern für die Verwendung in entsprechenden Applikationen vor.

4.4 Verwendung der Kameraparameter

Das hergeleitete Kameramodell enthält eine Reihe von Transformationen, die einen Raumpunkt schrittweise auf die Bildebene übertragen. Die Bestimmung der Parameter wird durch die Kalibrierung ermöglicht und erlaubt die numerische Angabe der Transformationsschritte. Während die Kalibrierung beim Aufbau einer Fertigungszelle im allgemeinen einen zeitunkritischen Vorgang darstellt, ist in der Phase der Vision-System-gestützten Vermessung der Ausführungszeitaspekt von entscheidender Bedeutung.

In Abbildung 4.8 sind zur besseren Übersicht die verschiedenen Koordinatensysteme der oben vorgestellten Modelle eingetragen. Das idealisierte Kameramodell besteht aus

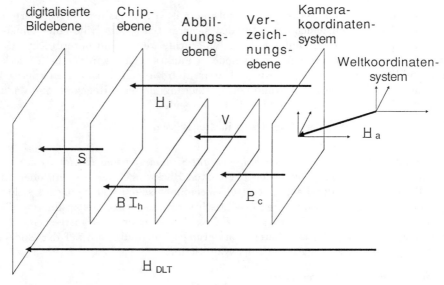

Abbildung 4.8: Koordinatensysteme des Kameramodells

4.4 Verwendung der Kameraparameter

den in Gl. (4.13) festgelegten Parametern der photogrammetrischen inneren und äußeren Orientierung. Das in dieser Arbeit hergeleitete umfassendere geometrische Modell mit bis zu 13 Parametern (Gl. (4.23) und (4.24)) ist eine Erweiterung des idealisierten Modells, während das Modell der Direkten Linearen Transformation ausschließlich lineare Einflüsse mit einer einzigen Matrix beschreibt (Gl. (4.25)).

4.4.1 Auswahlkriterien für ein angepaßtes Kameramodell

Da der Rechenaufwand für eine Raumpunktberechnung vom gewählten Kameramodell abhängt, wird eine von der Aufgabenstellung abhängige Verwendung des Kameramodells vorgeschlagen. Die abzuwägenden Faktoren sind die erforderliche Genauigkeit und die dafür notwendige Rechenzeit. Den wichtigsten Einfluß hat dabei die Berücksichtigung einer nichtlinearen Verzeichnungskorrektur. Der Positionsfehler $\Delta \rho$ durch die bei der Kalibrierung ermittelten Koeffizienten der höheren Polynomglieder nach Gl. (4.14) muß in der Weise abgeschätzt werden, daß er im ganzen Bild unterhalb einer geforderten Schranke $\Delta \rho_{max}$ bleibt. Das lineare Glied $k_0 \cdot \rho$ bleibt wegen der hohen Korrelation zu anderen Parametern unberücksichtigt.

$$k_1 \cdot \rho^3 + k_2 \cdot \rho^5 = \Delta \rho < \Delta \rho_{max} \qquad (4.34)$$

Der räumliche Einfluß des Fehlers $\Delta \rho$ kann mit Hilfe der Direkten Linearen Transformation abgeschätzt werden, indem die Größe der Schnittfläche einer Pyramide mit einer Ebene in typischen Entfernungen betrachtet wird. Diese Pyramide sei ausgehend vom Projektionszentrum durch einen rechteckig begrenzten Bildpunkt in der Bildebene gebildet worden. Es wird dann die Pyramide eines Originalbildpunktes mit der eines um Δr in x- und y- Richtung vergrößerten Bildpunktes verglichen. Mit Hilfe der weiter unten im Abschnitt 5.3 vorgestellten perspektivischen Entzerrung ebener Szenenbereiche kann für eine Bezugsebene $z = 0$ des Weltkoordinatensystems eine entsprechende Abschätzung durchgeführt werden.

Erlaubt der beobachtete Positionsfehler auch in den Randbereichen des Bildes noch eine für die Anwendung geforderte Genauigkeit, kann auf die Verzeichnungskorrektur verzichtet und im Rahmen der geforderten Genauigkeit mit dem Gleichungssystem der Direkten Linearen Transformation nach Gl. (4.25) gearbeitet werden.

4.4.2 Die inverse geometrische Transformation

Die Direkte Lineare Transformation ist mit ihrer homogenen Matrix unmittelbar geeignet, um Sehstrahlen in ihrer räumlichen Lage festzulegen. Auf ein solches Verfahren wird im Abschnitt 6.3.3 zurückgekommen. Die Einbeziehung nichtlinearer Einflüsse wie im vollständigen geometrischen Modell nach Gl. (4.24) erfordert hingegen ein stufenweises Vorgehen. Betrachtet werden Transformationen und Korrektur von der digitalisierten Bildebene bis auf eine idealisierte Abbildungsebene. Die Abbildung gliedert sich in einen linearen Anteil (Skalierung auf den Bildpunktindex, Verkippung und Verschiebung der Chipebene gegenüber der optischen Achse) und die nichtlineare Linsenkorrektur.

Für die einzelnen Transformationsschritte der Bildpunktindizes (i,j) über das Koordinatensystem (u_v, v_v) der Verzeichnungsebene bis auf Koordinaten in der idealisierten Abbildungsebene (u_a, v_a) gelten die Gleichungen (4.35) bis (4.37). Sie werden wegen der umgekehrten Sichtweise als "inverse geometrische Transformation" bezeichnet und stellen die Grundlage für die in den Kapiteln 5 und 6 genannten Anwendungen dar. Folgende Schritte ergeben sich somit:

1. *Linearer Anteil*

$$(u_v, v_v, 0, 1)^T = \underline{T}_h^{-1} \cdot \underline{R}_\alpha^{-1} \cdot \underline{R}_\beta^{-1} \cdot \underline{S}^{-1} \cdot (i, j, 0, 1)^T \qquad (4.35)$$

mit
- $\underline{S}$: Skalierungsmatrix nach Gl. (4.22)
- $\underline{R}_a, \underline{R}_b$: Rotationsmatrizen der Verkippung nach Gl. (4.21)
- $\underline{T}_h$: Translationsmatrix der Bildhauptpunktverschiebung nach Gl. (4.21)

2. *Nichtlinearer Anteil:*

$$(u_a, v_a)^T = \frac{\rho_a}{\rho_v} \cdot (u_v, v_v)^T \qquad (4.36)$$

Für das Korrekturpolynom $V(r_a)$ muß eine Inverse gefunden werden. Wegen des hohen Polynomgrades wird eine iterative Lösung mit Hilfe der Taylorreihenentwicklung benutzt:

$$\rho_a^{(i+1)} = \rho_a^{(i)} - \frac{W(\rho_a^{(i)}) - \rho_v}{W'(\rho_a^{(i)})} \qquad (4.37)$$

mit Startwert $\rho_a^{(0)} = \rho_v$ und den Definitionen

$$\begin{aligned} W(\rho_a) &= V(\rho_a) - \rho_v = (1 + k_0) \cdot \rho_a + k_1 \cdot \rho_a^3 + k_2 \cdot \rho_a^5 - \rho_v \\ W'(\rho_a) &= V'(\rho_a) = \partial V(\rho_a)/\partial \rho_a = (1 + k_0) + 3 \cdot k_1 \cdot \rho_a^2 + 5 \cdot k_2 \cdot \rho_a^4 \end{aligned}$$

Mit den Gleichungen (4.35) bis (4.37) kann nun eine idealisierte Bildebene aufgespannt werden, die sich gegenüber der projizierten Welt wie das Modell einer Lochkamera verhält. Alle Nichtlinearitäten und Ungenauigkeiten werden vorweg mit den Parametern aus der Kalibrierungsprozedur soweit kompensiert, daß in den im Kapitel 4 und 5 betrachteten Anwendungen ohne Genauigkeitsverlust eine Direkte Lineare Transformation auf die kompensierten Koordinaten angewandt werden kann.

4.5 Diskussion der Ergebnisse

Die automatische Kalibrierung einer Videokamera, ihres Objektivs und des nachgeschalteten Bildspeichers steht nun mit minimalem Fehler für alle Verfahren zur Verfügung, die eine räumliche Zuordnung zu Bildpunkten benötigen. Im folgenden sollen kurz Vergleiche mit in der Literatur beschriebenen Verfahren gezogen werden und die wesentlichen Unterschiede herausgearbeitet werden.

Das vorliegende Kalibrierungsverfahren unterscheidet sich zunächst von anderen bisher vorgeschlagenen durch den vollautomatischen Ablauf. Die aus der Photogrammetrie herangezogenen Beiträge von Krauß und Philips ([KRAU83], [PHIL81]) arbeiten naturgemäß mit dem photogrammetrischen Instrumentarium des Vermessungsingenieurs, das Fotos als Vorlagen und eine manuelle Punktauswahl zur Bestimmung der Bildkoordinaten benutzt.

Das von Ishii vorgestellte Verfahren zur Positionsbestimmung eines Programmierzeigers (mit Hilfe eines Stereokamerapaars aus positionsempfindlichen Kameras (PSDs)) benutzt zwar auch die für den automatischen Ablauf wichtigen Leuchtdioden zur Markierung der Paßpunkte, es kann jedoch wegen der direkten und genauen Positionsmessung im projizierten Bild auf die aufwendige Vorverarbeitung verzichten. Eine weitergehende Auswertung von räumlichen Szenen, in denen eine größere Anzahl von Markierungen zu verfolgen ist, bleibt dem System von Ishii prinzipiell verwehrt ([ISHI87]).

Erstaunlich ist die mit dem hier beschriebenen Verfahren erreichte Genauigkeit zur Bestimmung der projizierten Paßpunktmarkierungen. Sie liegt bei 10-fach geringerer Auflösung der Videokameras trotzdem in der Größenordnung der von den PSDs erreichten Genauigkeit. Versuche mit einer im Bereich von wenigen hundertstel mm genauen Positionieranordnung ergaben, daß Leuchtdiodenpositionen im Bild mit einer Genauigkeit von besser als 0.05 Pixel unterschieden werden können ([VIET88]).

Ähnliche Ansprüche wie das vorgestellte Kalibrierungssystem erheben die Ansätze von Lenz ([LENZ87], [LENZ88]) und Lemmens ([LEMM87]). Lenz berücksichtigt allerdings nicht den für eine ausreichend genaue Modellierung notwendigen Verzeichnungsansatz und kommt daher zu einem algorithmisch einfacheren Ansatz. Die Verwendung von ausschließlich planaren Paßpunktkoordinaten ist darüberhinaus nach den hier gewonnenen Erkenntnissen kritisch für die numerische Stabilität bei der Lösung des nichtlinearen Gleichungssystems. Er benötigt außerdem als Vorgabe für seinen einfacheren Ansatz eine Reihe von Parametern, die beim vorliegenden Kalibrierungsverfahren im gleichen Durchgang ermittelt werden.

Lemmens beschränkt sich hingegen auf die Direkte Lineare Transformation, die, wie gezeigt wurde, keine Modellierung nichtlinearer Einflüsse zuläßt. Er kennzeichnet Kameras mit einer fehlerbehafteten Zentralprojektion als nichtmetrisch ([LEMM87]: "nonmetric".) und ungeeignet für geometrische Auswertungen. Diese Einschätzung ist zwar aus der Sicht des Geodäten verständlich, es mehren sich angesichts der verfügbaren Kameras jedoch die Bemühungen auch mechanisch nichtideale Systeme rechnerisch auszugleichen.

In jüngster Zeit ist die Vermessung mit Hilfe von Videokameras auch als eigenständige Disziplin im Gespräch. Lemmens nennt hierfür den Begriff "Digimetry" als Akronym für

"Digital image metry", während in der Münchener Gruppe von Lenz, Platzer und Glünder die Bezeichnung "Videometrie" in Anlehnung an die Photogrammetrie vorgeschlagen wird ([LENZ88]).

Die enge Kopplung mit dem Vermessungswesen wird auch in einer Kombination des oben erwähnten Theodoliten mit einer Videokamera und einer servomotorischen Einrichtung deutlich, die kürzlich in der Schweiz vorgeschlagen wurde ([GOTT87]). Die Videokamera ersetzt das Auge des Vermessers, indem die angepeilte Markierung von einem Vision-System ausgewertet wird und zur servomotorischen Steuerung der Horizontal- und Zenitwinkelverstellung dient.

5. Photogrammetrische Auswertung monokularer Aufnahmen

Die verschiedenen im Kapitel 4 hergeleiteten Kameramodelle sollen nun zunächst auf Aufnahmen mit einer Kamera angewandt werden. Prinzipiell ist die monokulare Auswertung einer Szene nicht eindeutig, da jedem Punkt im Bild unendlich viele Punkte einer Geraden in der beobachteten räumlichen Szene entsprechen. Räumlich relevante Aussagen können nur formuliert werden, wenn durch geeignete Maßnahmen die Vielfalt der Lösungen eingeschränkt wird. Geometrisch wird ein Punkt auf einer Raumgeraden durch den Schnitt mit einer Fläche festgelegt. Daher sind die hier diskutierten Strategien darauf ausgelegt, Flächen im Raum mit Hilfe von Zusatzinformationen zu ermitteln und damit den Raumpunkt als Schnitt zwischen einem Sehstrahl und dieser Fläche festzulegen.

Im nächsten Abschnitt soll auf unterschiedliche Vorgehensweisen durch die Benutzung zusätzlicher Komponenten oder durch das Einbringen von Szenenwissen eingegangen werden. Die Randbedingungen der monokularen Aufnahme durch Sondieren nutzbarer Informationen werden im ersten Abschnitt zusammengestellt. Es ergeben sich einige darauf aufbauende Auswertungen, die in den Abschnitten 5.2 und 5.3 diskutiert werden. Als Sonderfall sind lokalisierbare Bildelemente zu betrachten, die sich bei perspektivischer Verzerrung analytisch auswerten lassen. Die Herleitung der entsprechenden Lokalisierung nach einer Extraktion aus dem Bild (Abschnitt 3.2) ist wegen der besonderen Bedeutung für industrielle Anwendungen Gegenstand der Abschnitte 5.4 und 5.5.

5.1 Rauminformationen aus einer Kameraansicht

Die Mehrdeutigkeit der monokularen Aufnahme wird durch Messung oder Definition von Randbedingungen eingegrenzt. Im einfachsten, jedoch für die industrielle Anwendung nicht unwichtigen Fall wird die Lage einer ebenen Fläche als Vorwissen eingebracht. Mögliche Verfahren gliedern sich dann in folgende Klassen:

- Messung des Abstands zwischen Kamera und Ebene
- Messung der Kameraposition relativ zur Ebene
- Auswertung der Kameraposition mit Hilfe von Paßpunkten
- Auswertung der Ebenenorientierung mit Hilfe lokalisierbarer Bildelemente

Hierbei bezeichnet der Begriff "Messung" die Festlegung des Meßwerts aufgrund peripherer Komponenten, während mit "Auswertung" die photogrammetrische Auswertung des Bildmaterials zu verstehen ist. Der Abstand zu einer Ebene kann beispielsweise durch Laufzeiten geeigneter Signale gemessen werden. Dabei werden unter anderen auch Schallwellen verwendet, die gezielt auf ein Objekt abgestrahlt werden, von dort reflektiert und nach entsprechender Laufzeit wieder empfangen werden. Alternativ stehen auch einfache optische Verfahren mit Hilfe von Lichtmengenmessungen sowie aufwendige laseroptische Methoden, die durch Triangulation die Position eines Objektpunktes bestimmen, zur Verfügung. Wird nur der Abstand gemessen, muß zur eindeutigen Bestimmung der relativen Lage die Orientierung der Kamera zur genannten Fläche bekannt sein.

Abstandsmessungen können auch auf die Kameraposition bezogen werden. Wird die Kameraposition in einem auf die begrenzende Ebene bezogenen Koordinatensystem gemessen, sind alle äußeren Parameter der Gesamttransformation gegeben und eine räumliche Bildpunktkorrespondenz ist durch Schnitt der Sehstrahlen mit der Ebene möglich. Solche Ortungssysteme werden beispielsweise durch aktive Elemente wie Sender oder Empfänger auf der Kamera realisiert und führen wieder durch Laufzeitmessung oder Triangulation zur Kameraposition.

Mit Hilfe von bekannten Raumpunkten, den sog. Paßpunkten, können auch räumliche Informationen unmittelbar aus dem Bild der Szene gewonnen werden. Drei nicht kollineare Punkte beschreiben eine Ebene und können, wie in Abschnitt 5.3.4 gezeigt wird, ebenfalls zur Bestimmung der Kameraposition und -orientierung herangezogen werden. Ein Problem besteht in der Identifizierung der markierten Raumpunkte im Bild. Die Verwendung von schaltbaren Lichtquellen als Markierungen wurde bereits bei der Konstruktion des Paßpunktgestells dargestellt. Vorstellbar sind aber auch kodierte Markierungen, die lediglich durch ihr Aussehen oder ihre Anordnung unterschieden werden.

Abschließend kann die analytisch beschreibbare Auswirkung der Zentralperspektive genutzt werden, um die räumliche Lage von Ebenen und auf ihnen liegender Punkte aus der Verzerrung der in Abschnitt 3.2 eingeführten zweidimensionalen Primitiven zu bestimmen.

5.2 Unterstützung durch periphere Komponenten

Zunächst soll zusammengefaßt werden, wie die bei der monokularen Abbildung der Szenen fehlenden Informationen durch Zuhilfenahme zusätzlicher Komponenten ermittelt werden können. Dabei sind prinzipiell autarke Meßsysteme zur Abstands- und Kamerapositionsbestimmung von solchen Systemen zu unterscheiden, die durch Ausnutzung von Beleuchtungseffekten eine räumliche Auswertung der Szene im Videobild ermöglichen.

5.2.1 Bestimmung einzelner räumlicher Stützpunkte

Naheliegend ist die Gewinnung der Kameraposition mit Hilfe zusätzlicher Komponenten, wenn dadurch eine Lokalisierung der sichtbaren Objekte in einem Weltkoordinatensystem ermöglicht wird. Dieser Aspekt gewinnt dann an Bedeutung, wenn die Positionsmessung nicht indirekt durch die Bildaufnahme erreichbar ist und durch eine eigenständige Sensorik parallel durchgeführt werden muß.

5.2.1.1 Triangulationsverfahren

Bei der einfachen Triangulation wird das Objekt von einer Quelle mit einem scharf gebündelten Lichtstrahl beleuchtet. Ein versetzt angebrachter Empfänger stellt das Maximum des reflektierten Lichts abhängig von der Basis b und den Abstrahlwinkeln ϑ und φ fest. Bei bekannter Basis und Ausrichtung der Lichtquelle kann mit Hilfe der im Bild gemessenen Position (u, v) die Raumkoordinate des Objektpunktes angegeben werden (Abbildung 5.1).

Als Detektoren können neben Zeilenkameras und PSDs (Position Sensitive Devices) auch die Videokameras des Vision-Systems benutzt werden. Für einzelne Punkte der Szene kann recht einfach eine Entfernung bestimmt werden, wenn ein beleuchteter Fleck gegenüber dem Umgebungslicht genügend hervortritt und damit leicht detektiert werden kann. Dies wird insbesondere durch die Verwendung von Laserlicht erreicht. Bei verschiedenen industriellen Applikationen (z.B. [MONC87], [CASE87]) aber auch schon in kommerziellen Geräten wie Autofokuskameras werden in einem Entfernungsbereich bis 10 m ausreichende Genauigkeiten erreicht.

Bei Anordnung von drei Sendern um das Kameraobjektiv werden in einem Durchgang drei Weltpunkte vermessen, die als Paßpunkte für die in Abschnitt 5.3.3 beschriebene Positions- und Orientierungsbestimmung der Kamera unter der Voraussetzung dienen können, daß die drei Lichtquellen auf einer ebenen Objektoberfläche auftreffen. Kanade und Fuhrmann berichten in [KANA87] von einem Nahbereichssensor (bis 10cm), der mit Hilfe von 18 unabhängigen Lichtquellen etwa 200 diskrete Punkte vermessen und daraus auch verschiedene Oberflächenformen rekonstruieren kann.

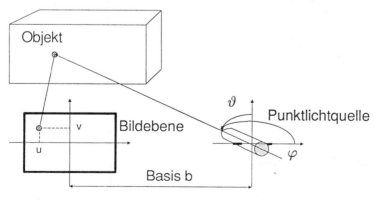

Abbildung 5.1: Einfache Triangulation

5.2.1.2 Laufzeitmessung

Die zweite große Klasse von autonomen Entfernungsmeßprinzipien beruht auf der Messung der Ausbreitungszeit eines aktiv ausgesandten Signals. Meßtechnisch einfach aufgrund seiner relativ niedrigen Ausbreitungsgeschwindigkeit ist die Verwendung von Schall. Insbesondere der Ultraschall kann in einem für den Menschen auch auf Dauer erträglichen Frequenzbereich von 40 bis 250kHz in Luft bei Entfernungen bis 10m eingesetzt werden. Die Abstandsmessung nutzt die Reflexion des Schalls am Objekt aus und detektiert, in einigen Realisierungen sogar mit dem gleichen Sensorelement für Senden und Empfangen, die über einem bestimmten Schwellwert empfangene Antwort. Bei Zimmertemperatur liegt die gemessene Zeit zwischen Absenden und Aufnehmen etwa bei 6ms je Entfernungsmeter und kann ohne großen Aufwand bestimmt werden. Fehlerquellen sind in erster Linie Temperatur- und Luftdichteschwankungen sowie Oberflächen, die nicht genau senkrecht zur Abstrahl- bzw. Empfangsrichtung stehen.

In eigenen Arbeiten wurde die Kombination von Ultraschallentfernungsmessern und Videokameras untersucht (z. B. [FÖHR86]) mit dem Resultat, daß solche Anordnungen bei Pick-and-Place-Aufgaben senkrecht über einem in unbekannter Entfernung stehenden Tisch für die Bestimmung der Kameraposition und die Skalierung des Bildes gut geeignet sind. Insbesondere können bei sehr eng gebündelten Sendekeulen (bei hohen Frequenzen > 200kHz unter 1.5° Öffnungswinkel) reduziert werden können, die reflektierenden Objektbereiche als Punkte im Bild angegeben und so aufgrund bekannter Anordnung von Ultraschallsensor und Kamera zur Entfernungsbestimmung benutzt werden. Für den Spezialfall von Szenen mit flachen Objekten auf ebenen Arbeitsflächen kann eine einzige gemessene Entfernung an einem Bildpunkt zur Berechnung der Tiefe im gesamten Bild dienen.

Die genannten Grenzen bei der Fokussierung der Ultraschallsendekeule lassen sich mit laserbasierten Systemen um den Faktor 1000 verbessern. Der Einfluß, den die Umwelt auf den Laserstrahl haben kann, ist bis auf Abschattungseffekte gering. Allerdings muß bei Time-of-Flight-Meßverfahren die um 6 Größenordnungen höhere Ausbreitungsgeschwindigkeit berücksichtigt werden. Sie erfordert eine Auflösung der Zeitmessung von 10ps für eine Genauigkeit von 1mm. Es existieren koaxiale Anordnungen von Sender und Empfänger (z.B. [NITZ77]), die die Entfernung auf der Basis von Phasenverschiebungen im eingeschwungenen Zustand zwischen Sender und Empfangsstrahl messen. Bei allen Systemen, die mit Lichtgeschwindigkeit arbeiten, ist ein nicht unerheblicher technischer Aufwand für die Auswerteelektronik erforderlich, der solche Systeme als Hilfssensorik nicht sinnvoll erscheinen läßt.

5.2.2 Direkte Messung des Kamerastandorts

Während oben die Kameraposition relativ zu gesehenen Szenendetails bestimmt wurde, soll nun die absolute Bestimmung der Kameraposition auf der Basis von Ultraschall betrachtet werden. Dazu wurde ein Ortungsverfahren entwickelt, das über die Laufzeit eines kugelförmig abgestrahlten Sendesignals zu mehreren im Raum verteilten Empfängern die absolute Position des Senders ermittelt. Die Beschreibung des Verfahrens und Erfahrungen im Einsatz sind in [FÖHR88] zusammengefaßt.

Da der Absendezeitpunkt des Gebers zentral bekannt ist, kann durch Messen der einfachen Laufzeit die Entfernung des Senders zu jedem einzelnen Empfänger bestimmt werden. Der Senderort ist dann jeweils der Schnittpunkt von mindestens drei Kugeln um die Empfänger mit einem Radius, der der gemessenen Entfernung entspricht. Um Abschattungen und fehlerhafte Reflexionen zu kompensieren, wurde die Anordnung mit mehr Empfängern aufgebaut, als für die Lösung des Gleichungssystems notwendig ist. Dazu wird ein Arbeitsraum mit typisch vier bis acht Empfängern ausgestattet, die gleichzeitig das Signal des bewegten Ultraschallsenders aufnehmen.

Mit der mitbewegten Kamera mechanisch verbunden liefert ein solcher Geber unabhängig von der Bewegungsursache und regelmäßig die derzeitige Position der Kamera in einem weltfesten Koordinatensystem. In der Diskussion der photogrammetrischen Verfahren mit einer Kamera ist der Kamerastandort ein wichtiges Zwischenergebnis für die Zuordnung von Entfernungen zu Objektpunkten, das somit auch aus einer anderen Quelle geliefert werden kann.

5.2.3 Auswertung kodierter Beleuchtung

Künstliche Lichtquellen werden bei Produktionsprozessen in jedem Fall zur Beleuchtung von Szenen benötigt und stellen somit eine beeinflußbare Randbedingung dar. Daher kann die Verwendung von gesteuertem Licht im Rahmen industrieller Anwendungen ein adäquates Hilfsmittel zur Gewinnung räumlicher Informationen sein. Im folgenden wird kurz auf mögliche Prinzipien eingegangen, die durch den Einsatz kodierter und damit im Bild identifizierbarer Beleuchtung eine geometrisch basierte, räumliche Szenenauswertung erlauben.

5.2.3.1 Lichtschnittverfahren

Die oben beschriebene Triangulation einzelner Punkte kann durch simultane Auswertung eines dünnen Lichtstreifens, der auf die Szene geworfen wird und in der Regel im Bild eine Linie erzeugt, erweitert werden. Bei Anordnung des Streifenprojektors parallel zur Kamera liegen geometrische Verhältnisse wie in der in Abbildung 5.2 dargestellten Projektion vor. Die Positionen einzelner Raumpunkte können wie bei der einfachen Triangulation bestimmt werden, wenn die Basis b und der Abstrahlwinkel φ bekannt sind.

Dieses Verfahren kann zum Erstellen räumlicher Szenenskizzen verwandt werden, wenn der Winkel φ schrittweise geändert und in jeder neuen Stellung ein Bild aufgenommen wird. Dazu wird der Lichtstreifen mit Hilfe eines Spiegels sukzessive über die Szene bewegt und für jeden Bildpunkt des Lichtstreifens eine korrespondierende Raumposition abgespeichert. Die Erfassung einer gesamten Szene ist somit in kurzer Zeit (abhängig von der Anzahl der Aufnahmen für die einzelnen Winkelschritte) abgeschlossen.

Die rechentechnische Realisierung, wie sie beispielsweise von Shirai und seinen Kollegen schon in den siebziger Jahren vorgeschlagen wurde ([SHIR71]), sieht die schritthaltende Festlegung des in y-Richtung des Kamerakoordinatensystems projizierten Licht-

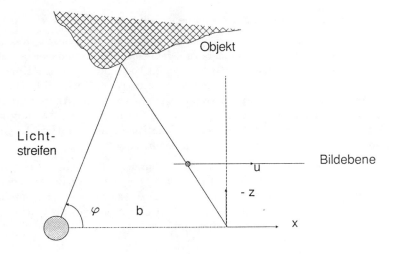

Abbildung 5.2: Lichtschnittverfahren

streifens durch eine Maximumdetektion in jeder Bildzeile vor. Dadurch liegen nach jeder Bildaufnahme Stützpunkte der projizierten Linie vor und können gesammelt der Auswertung zugeführt werden.

Weniger als eine Aufnahme je Winkelschritt reicht aus, wenn eine geeignete Kodierung für die Beleuchtung vorgenommen wird. So benutzen Carrihill und Hummel ([CARR85]) zuerst einen Graukeil als Beleuchtungsmuster und gewinnen die zu betrachtenden Streifen dann durch eine zweite Aufnahme mit einer gleichmäßigen Beleuchtung. Diese zweite Aufnahme dient zur Korrektur der Reflexionseigenschaften beleuchteter Oberflächen so, daß durch Verhältnisbildung der beiden Bilder Bereiche gleichen Grauwerts als Projektion eines einzelnen Lichtstreifens interpretiert werden können.

Ein ähnliches Vorgehen beschreiben Boyer und Kak ([BOYE87]) für eine Kodierung der Beleuchtung mit einem Farbkeil. Durch die multispektrale Auswertung der Szenenreflexion ist eine höhere Zuordnungssicherheit zu erwarten. Bei beiden Ansätzen dürfen keine selbstleuchtenden Bereiche in der Szene vorhanden sein, da diese keine sinnvolle Reflexionskorrektur zulassen. Vorteilhaft für eine solche Kodierung ist, daß nur noch zwei Aufnahmen für eine dreidimensionale Szenenanalyse notwendig sind. Die Abhängigkeit von einer genügend genauen Korrektur der Oberflächenreflexion schränkt die Verwendung für eine präzise Vermessung allerdings ein.

Demgegenüber schlägt Inokuchi ([INOK84]) ein Verfahren mit sicherer Zuordnung der Streifen und ld n Aufnahmen für n Winkelpositionen vor. Dazu wird eine Folge von Beleuchtungsmustern benutzt, deren einzelne Binärmuster jeweils eine Bitebene des ld n Bit breiten Gray-Codes darstellen. Der an einem Bildpunkt auszuwertende Streifen kann durch zusammenhängende Interpretation der hier beobachteten Helligkeitswerte aller binären Beleuchtungsmuster zugeordnet werden. Eine neuere Anwendung dieses Prinzips beschreibt Stahs in [STAH88].

5.2.3.2 Lichtgitterverfahren

Wird zur Beleuchtung der Szene ein alle anderen Lichtquellen überstrahlendes Gitterlinienmuster benutzt, dann werden diese Linien durch die Oberflächenform verzerrt und eine Interpretation der Szene ist dem Menschen auch ohne bekannten Beleuchtungsstandort möglich. Die Vorgehensweise entspricht der in der Computergrafik üblichen Darstellung von Oberflächen durch ein aufgeprägtes äquidistantes Gitter, das auch dem ungeübten Betrachter eine dreidimensionale Vorstellung vom Verlauf der Funktion $z = f(x,y)$ vermittelt. Abbildung 5.3 zeigt die Anwendung des Prinzips auf die Darstellung einer Funktion zweier Veränderlicher.

Zwei Ansätze zur Verwendung von Lichtstreifen bei der Messung der Oberflächenorientierung werden in der jüngeren Literatur diskutiert. Wang et al. berichten in [WANG87] über ein Verfahren, das die lokale Ausrichtung des beobachteten Gitternetzes zur Bestimmung einer lokalen Oberflächenorientierung benutzt. Im Gegensatz dazu stützt sich der Ansatz von Shrikande und Stockman ([SHRI87]) auf die Auswertung des Abstands zwischen den beobachteten Lichtstreifen.

Das von Wang vorgeschlagene Verfahren wurde im Zusammenhang dieser Arbeit realisiert und unter Berücksichtigung einer echtzeitfähigen Vorverarbeitung und des eingeführten Kameramodells erweitert ([HOVE88]). Es stellte sich als ein robustes und schnelles Verfahren zur Bestimmung der Vektorfelder von Oberflächennormalenvektoren heraus, das ohne bekannten Bezug zwischen Beleuchtungsquelle und Kamera auskommt. Ein Einrichten auf eine Bezugsebene in der Szene ist leicht möglich und erlaubt die Bestimmung der Kameraorientierung relativ zur Bezugsebene.

Das Verfahren eignet sich zur exakten Bestimmung von Raumpositionen jedoch nicht, da lediglich die Oberflächenorientierung ohne Absolutbezüge ermittelt wird. Wang gibt zwar ein Verfahren zur Bestimmung der relativen Tiefe in der Szene an, er räumt aber ein, daß durch Unstetigkeiten im Oberflächenverlauf leicht Fehlinterpretationen möglich

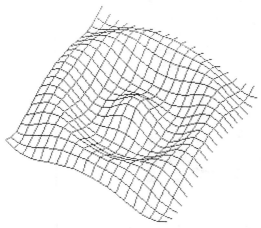

Abbildung 5.3: Graphische Darstellung einer Funktion $f(x,y)$

sind. Insbesondere sind dabei die zur Bezugsebene (z.B. Arbeitsplatte) parallelen Ebenen eines Werkstücks auch bei real verschiedenen Abständen schwer zu unterscheiden.

5.3 Perspektivische Entzerrung ebener Szenenbereiche

Im industriellen Anwendungsfall sind meist einige Randbedingungen der Szene schon im voraus bekannt. Werkstücke werden in der Regel nicht an jeder beliebigen Stelle in der Szene zu erwarten sein und oft nur eine begrenzte Zahl von Vorzugslagen aufweisen. Außerdem müssen Werkstücke nicht zu jedem Zeitpunkt behandelt werden können, wobei von den in Frage kommenden Objekten die wesentlichen Eigenschaften bekannt sind.

Bei vielen Handhabungsaufgaben werden Arbeitsflächen verwendet, auf denen Werkstücke abgestellt oder montiert werden. Darüberhinaus existiert eine Klasse von Werkstücken, die nur eine vernachlässigbare Dicke aufweisen (z.B. Stanzteile). Diese Objekte stellen bei der Projektion auf die lichtempfindliche Fläche der Kamera im Zusammenhang mit einer ebenen Unterlage einen Spezialfall der Szenenanalyse dar. Sie werden im folgenden *flache* Werkstücke oder Objekte genannt.

Ein solche Szene mit flachen Werkstücken zeigt Abbildung 5.4a. Diese Teile haben auf einer ebenen Unterlage in der Regel nur drei ebene Freiheitsgrade. Ist der Abstand von der Arbeitsfläche aus der festen Position der Kamera über der Szene bekannt, kann für eine zur optischen Achse senkrechte Ebene ein in erster Näherung konstanter Skalierungsfaktor angegeben werden, mit dem die Abmessungen eines diskretisierten Bildpunktes auf die Verhältnisse in der Szene umgerechnet werden können.

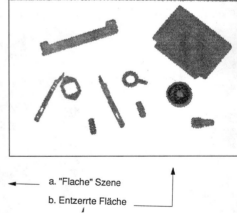

a. "Flache" Szene

b. Entzerrte Fläche

Abbildung 5.4: Perspektivische Entzerrung einer "flachen" Szene

Mit diesem Vorwissen und der Voraussetzung, daß die angegebene Ebene der Arbeitsfläche entspricht, arbeiten die meisten kommerziell erhältlichen Vision-Systeme. Der genannte Skalierungsfaktor ist nur dann konstant, wenn der radialsymmetrische Verzeich-

5.3 Perspektivische Entzerrung ebener Szenenbereiche

nungsfehler des Objektivs vernachlässigbar und der Abstand groß im Vergleich zu den horizontalen Abmessungen in der Ebene ist.

Die meisten kommerziellen Vision-Systeme versagen jedoch, wenn die optische Achse nicht senkrecht zur Arbeitsfläche steht, also im Sprachgebrauch der Photogrammetrie kein Orthophoto vorliegt. Zum einen kann dann für das Bild kein konstanter Skalierungsfaktor angegeben werden, zum anderen ist die Annahme einer konstanten Entfernung der Objektpunkte wie bei der in den kommerziellen Systemen vorausgesetzten Parallelprojektion nicht mehr aufrechtzuhalten. Wenn jedoch das in Kapitel 4 vorgestellte Kameramodell für die Behandlung ebener Probleme in Ansatz gebracht wird, sind damit die erwünschten Entfernungsaussagen möglich und es gelten für ein solcherart entzerrtes Bild wieder die Voraussetzungen einer parallel projizierten Szene (Abbildung 5.4b).

5.3.1 Die projektive Abbildung

Im folgenden wird die Transformation einer Bezugsebene in die Bildebene der Kamera hergeleitet, um eine eindeutige Zuordnung eines Bildpunktes zu einem Szenenpunkt zu ermöglichen. Dazu wird auf die bekannte Position von wenigen Paßpunkten auf der Bezugsebene zurückgegriffen und daraus die Parameter einer allgemeinen linearen Transformationsmatrix bestimmt.

Es wird vom vollständigen Kameramodell entsprechend der inversen geometrischen Transformation aus Abschnitt 4.4.2 Gebrauch gemacht. Dann läßt sich die Direkte Lineare Transformation der Weltkoordinaten (x, y, z) in die Koordinaten (u, v) der idealisierten Bildebene oder aber, bei Beschränkung auf lineare Linsenverzeichnungen, direkt auf die Bildpunktindizes (i, j) anwenden. Im folgenden wird für das Bildkoordinatensystem einheitlich (u, v) benutzt, womit sich Gl. (4.25) nach Normierung auf t wie folgt ausdrücken läßt:

$$u = \frac{h_{11} \cdot x + h_{12} \cdot y + h_{13} \cdot z + h_{14}}{h_{31} \cdot x + h_{32} \cdot y + h_{33} \cdot z + h_{34}}$$
$$v = \frac{h_{21} \cdot x + h_{22} \cdot y + h_{23} \cdot z + h_{24}}{h_{31} \cdot x + h_{32} \cdot y + h_{33} \cdot z + h_{34}} \quad (5.1)$$

Wie bei der Herleitung des Kameramodells nachgewiesen, sind in diesen Koeffizienten alle homogenen Transformationen zwischen einem beliebigen Weltkoordinatensystem und der Bildebene berücksichtigt. Darum kann eine Ebene, die in ihrem eigenen Koordinatensystem mit $z = 0$ beschrieben wird, mit Hilfe einer zweidimensionalen projektiven Abbildung der Ebenenkoordinaten (x, y) in die Bildkoordinaten (u, v) entzerrt werden.

Die Gleichungen (5.1) werden nach den Koordinaten (x, y) aufgelöst, so daß für die Umkehrabbildung wiederum eine zweidimensionale projektive Abbildung angegeben werden kann. Verschwindet die Determinante einer Matrix aus den Parametern h_{ij} ($i = 1, 2, 3$; $j = 1, 2, 4$) nicht, kann für jeden Bildpunkt (u, v) eindeutig ein Punkt der Ebene (x, y) mit den neuen Parameter a_l, b_l, c_m ($l = 0, 1, 2$; $m = 1, 2$) angegeben werden:

$$x = \frac{a_0 + a_1 \cdot u + a_2 \cdot v}{1 + c_1 \cdot u + c_2 \cdot v}$$
$$y = \frac{b_0 + b_1 \cdot u + b_2 \cdot v}{1 + c_1 \cdot u + c_2 \cdot v} \qquad (5.2)$$

Dieses Verfahren wird in der Photogrammetrie beim Entzerren fotografischer Abbildungen als Zentralprojektion der Ebene ([KRAU86]) angewendet. Es zeigt sich, daß zur Rekonstruktion ebener Objekte ein einziges Bild und nur acht Parameter zur Beschreibung der Transformation ausreichen. Ursache dafür ist, daß bei der Zentralprojektion einer Objektebene Abhängigkeiten zwischen den Parametern der Gl. (5.1) bestehen. Kraus liefert eine Begründung für einen Spezialfall in [KRAU86].

5.3.2 Bestimmung der Entzerrungsparameter

Für die Bestimmung der Entzerrungsparameter wird das lineare Gleichungssystem nach Gl. (5.2) für jeweils vier mit ihren dreidimensionalen Koordinaten bekannte Punkte P_i ($x_i, y_i, z_i = 0$) in der Ebene und ihren Entsprechungen im Bild Q_i (u_i, v_i) aufgestellt. Die Lösung dieses Gleichungssystems liefert die acht Parameter einer projektiven Abbildung zwischen einem in der Arbeitsebene definierten Koordinatensystem und dem Bildkoordinatensystem.

$$\begin{pmatrix} 1 & u_1 & v_1 & 0 & 0 & 0 & -u_1 x_1 & -v_1 x_1 \\ 0 & 0 & 0 & 1 & u_1 & v_1 & -u_1 y_1 & -v_1 y_1 \\ 1 & u_2 & v_2 & 0 & 0 & 0 & -u_2 x_2 & -v_2 x_2 \\ 0 & 0 & 0 & 1 & u_2 & v_2 & -u_2 y_2 & -v_2 y_2 \\ 1 & u_3 & v_3 & 0 & 0 & 0 & -u_3 x_3 & -v_3 x_3 \\ 0 & 0 & 0 & 1 & u_3 & v_3 & -u_3 y_3 & -v_3 y_3 \\ 1 & u_4 & v_4 & 0 & 0 & 0 & -u_4 x_4 & -v_4 x_4 \\ 0 & 0 & 0 & 1 & u_4 & v_4 & -u_4 y_4 & -v_4 y_4 \end{pmatrix} \cdot \begin{pmatrix} a_0 \\ a_1 \\ a_2 \\ b_0 \\ b_1 \\ b_2 \\ c_1 \\ c_2 \end{pmatrix} = \begin{pmatrix} x_1 \\ y_1 \\ x_2 \\ y_2 \\ x_3 \\ y_3 \\ x_4 \\ y_4 \end{pmatrix} \qquad (5.3)$$

Aus der Darstellung nach Gleichung (5.1) läßt sich zeigen, daß der für die Entfernungsbestimmung wichtige Kamerastandort im Weltkoordinatenssystem (x_0, y_0, z_0) das folgende Gleichungssystem erfüllt:

$$\begin{aligned} h_{11} \cdot x_0 + h_{12} \cdot y_0 + h_{13} \cdot z_0 + h_{14} &= 0 \\ h_{21} \cdot x_0 + h_{22} \cdot y_0 + h_{23} \cdot z_0 + h_{24} &= 0 \\ h_{31} \cdot x_0 + h_{32} \cdot y_0 + h_{33} \cdot z_0 + h_{34} &= 0 \end{aligned} \qquad (5.4)$$

Aus den Koeffizienten a_j, b_j und c_k ($j = 0, 1, 2; k = 1, 2$) können unter Berücksichtigung der Umkehrbarkeit von Gl. (5.2) nur Koeffizienten h_{ij} mit $j \neq 3$ berechnet werden, so daß damit alleine das Gleichungssystem nicht bestimmt ist. Abhilfe schafft entweder die Hinzunahme weiterer Paßpunkte oder die Einbeziehung der Parameter der inneren

Orientierung. Paßpunkte, die zur Bestimmung der Koeffizienten h_{i3} geeignet sind, dürfen nicht in der Ebene $z = 0$ liegen. Damit scheidet ein solches Verfahren aus, da Punkte außerhalb der hier betrachteten Szene einbezogen werden müssen. Dagegen besteht, wie in Abschnitt 4.2.3.2 gezeigt, durchaus die Möglichkeit, über die Parameter h_{ij} auf die Parameter der inneren Orientierung zurückzuschliessen.

5.3.3 Bestimmung des Kamerastandorts aus der Szene

Mit Hilfe der bekannten Lage des Bildhauptpunktes und der bereits bestimmten Kammerkonstante, also bekannter innerer Orientierung der Kamera, lassen sich durch einen sog. Rückwärtseinschnitt mit drei Paßpunkten die Koordinaten des Projektionszentrums (x_0, y_0, z_0) und die Orientierung der optischen Achse bestimmen. Die in Abschnitt 4.4.2 vorgestellte inverse geometrische Transformation ermöglicht die hierfür notwendige Annahme einer idealen Zentralperspektive auch für reale Kameras.

5.3.3.1 Räumliche Kameraposition

Der schon 1915 skizzierte "Numerische Iterationsvorschlag von P. Werkmeister" für die Berechnung des Projektionszentrums in einem Weltkoordinatensystem geht von Ähnlichkeitsbetrachtungen in zwei Schnittebenen aus ([KRAU83]). Diese Schnittebenen werden in einer von drei Paßpunkten und dem Projektionszentrum aufgespannten Pyramide durch die Bildebene und die Arbeitsfläche gebildet. Dort können die in Abbildung 5.5 eingezeichneten Winkel γ_j über die Abstände der Paßpunktbilder t_i aus der inneren Orientierung jeweils mit Hilfe des Kosinussatzes bestimmt werden.

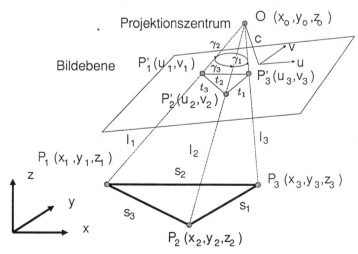

Abbildung 5.5: Bestimmung des Projektionszentrums

Im nächsten Schritt läßt sich das folgende nichtlineare Gleichungssystem in den drei

Abständen l_i ($i = 1, 2, 3$) der Paßpunkte zum Projektionszentrum aus den dreieckigen Seitenflächen der Pyramide aufstellen:

$$s_1^2 = l_2^2 + l_3^2 - 2 \cdot l_2 \cdot l_3 \cdot cos\gamma_1$$
$$s_2^2 = l_1^2 + l_3^2 - 2 \cdot l_1 \cdot l_3 \cdot cos\gamma_2$$
$$s_3^2 = l_1^2 + l_2^2 - 2 \cdot l_1 \cdot l_2 \cdot cos\gamma_3 \tag{5.5}$$

Die analytische Lösung dieses Gleichungssystems führt zu einer Gleichung vierten Grades mit einem entsprechend hohen Lösungsaufwand. Die zitierte Iterationslösung benötigt hingegen nur geeignete Anfangswerte, die sich aus dem mittleren Maßstab der Abbildung bestimmen lassen. Dazu setzt man näherungsweise eine senkrechte Projektion über dem Bildhauptpunkt an und berechnet aus den bekannten s_i und t_i mit Hilfe des Strahlensatzes eine geschätzte mittlere Entfernung l_{jo}. Die Iteration benutzt eine nach dem linearen Glied abgebrochene Taylorreihe von Gl. (5.5), die bereits nach wenigen Schritten konvergiert, in der Form:

$$s_i^2 - s_{io}^2 = 2 \cdot (l_{jo} - l_{ko} \cdot cos\gamma_i) \cdot \Delta l_j + 2 \cdot (l_{ko} - l_{jo} \cdot cos\gamma_i) \cdot \Delta l_k \tag{5.6}$$

mit
$$i = 1, 2, 3; \; j, k \in \{1, 2, 3\}; \; j \neq k \neq i;$$

und
$$s_{io}^2 = l_{jo}^2 + l_{ko}^2 - 2 \cdot l_{jo} \cdot l_{ko} \cdot cos\gamma_i$$

Mit den Kantenlängen der Pyramide kann das Projektionszentrum als Schnittpunkt der drei Kugeln mit den Radien l_j um die Punkte P_j berechnet werden. Im allgemeinen wird es zwei solcher Schnittpunkte geben, von denen der sinnvollere ausgewählt wird. Für dieses Problem wurde entsprechend der Lösung für die in Abschnitt 5.2.2 skizzierte, ultraschallbasierte Positionsmeßanordnung mit gleicher mathematischer Beschreibung ([FÖHR88]) folgendes Verfahren gewählt:

$$l_j = (x_j - x_0)^2 + (y_j - y_0)^2 + (z_j - z_0)^2 \; (j = 1, 2, 3) \tag{5.7}$$

Durch zweimalige Differenzbildung zweier Gleichungen nach (5.7) ergibt sich ein lineares Gleichungssystems in x_0, y_0, z_0 mit zwei Gleichungen:

$$(x_1 - x_2) \cdot x_0 + (y_1 - y_2) \cdot y_0 + (z_1 - z_2) \cdot z_0 = d_{12}$$
$$(x_3 - x_2) \cdot x_0 + (y_3 - y_2) \cdot y_0 + (z_3 - z_2) \cdot z_0 = d_{32}$$

mit
$$d_{ik} = \frac{x_i^2 - x_k^2 + y_i^2 - y_k^2 z_i^2 - z_k^2 - l_i^2 + l_k^2}{2} \tag{5.8}$$

Zwei Komponenten (z.B. x_0, y_0) ergeben sich in Abhängigkeit von der dritten (z.B. z_0). Die beiden Ausdrücke (z.B. $x_0 = f(z_0)$ und $y_0 = g(z_0)$) werden in einer der drei

5.4 Lagebestimmung ebener Polygonflächen

Gleichungen nach (5.7) eingesetzt und führen zu einer einzigen quadratischen Gleichung, deren Lösung eine der gesuchten Komponenten (im Beispiel z_0) liefert. Die zugehörigen beiden anderen Komponenten können durch Auswerten der Lösung des linearen Gleichungssystems gewonnen werden.

Mit den Koordinaten des Projektionszentrums (x_0, y_0, z_0) im Weltsystem können nun die Abstände zu Positionen $(x, y, 0)$ in der Ebene zunächst mit Gleichung (5.2) aus den Bildkoordinaten (u, v) und dann mit der entsprechenden Differenz $(x - x_0, y - y_0, z_0)$ berechnet werden.

5.3.3.2 Räumliche Kameraorientierung

Die Oberflächennormale in einem auf die Bildebene bezogenen Kamerakoordinatensystem kann aus den drei Punkten zur Charakterisierung der Fläche ebenfalls bestimmt werden. Dazu wird eine 3×3 Matrix $\underline{M}$ mit den neun Koeffizienten m_{ij} der räumlichen Rotationsfreiheitsgrade angesetzt, mit der für jeden der drei Paßpunkte bei bekanntem Kamerastandort (x_0, y_0, z_0) die Einheitsvektoren im Bild auf die Einheitsvektoren in der Szene gedreht werden:

$$\vec{b}_i = \begin{pmatrix} u_i \\ v_i \\ -c \end{pmatrix} = k_i \cdot \begin{pmatrix} m_{11} & m_{12} & m_{13} \\ m_{21} & m_{22} & m_{23} \\ m_{31} & m_{32} & m_{33} \end{pmatrix} \cdot \begin{pmatrix} x_i - y_0 \\ y_i - y_0 \\ z_i - y_0 \end{pmatrix} = \underline{M} \cdot \vec{s}_i$$

mit
$$k_i = \frac{|\vec{b}_i|}{|\vec{l}_i|} \tag{5.9}$$

Faßt man $\vec{b}_i$ und $k_i \cdot \vec{l}_i$ mit $i = 1, 2, 3$ als die drei Spaltenvektoren einer 3×3- Matrix $\underline{B}$ bzw. $\underline{L}$ auf, dann läßt sich Gl. (5.9) als Matrixgleichung schreiben: $\underline{B} = \underline{M} \cdot \underline{L}$. Liegen die Paßpunkte und damit auch die Bildpunkte nicht auf einer Geraden, ist $\underline{L}$ regulär und diese Gleichung läßt sich nach $\underline{M}$ wie folgt auflösen:

$$\underline{M} = \underline{B} \cdot \underline{L}^{-1} \tag{5.10}$$

Die Koeffizienten m_{ij} der Matrix $\underline{M}$ können dann als orthogonale Einheitsvektoren eines Achsenkreuzes in der durch die drei Punkte gegebenen Ebene aufgefaßt werden.

5.4 Lagebestimmung ebener Polygonflächen

Die räumliche Lokalisierung soll nun von den Paßpunkten einer Bezugsebene auf die Oberflächen von Werkstücken ausgedehnt werden. Prismatische Körper, die im industriellen Bereich wegen der üblichen spanenden Fertigung häufig vorliegen, enthalten als Grenzflächen Polygone. Polygone, so wurde bei der Betrachtung der Eigenschaften perspektivischer Projektionen bereits festgestellt, werden im Bild wieder auf Polygone abgebildet. Die Eckpunkte der Polygone, die als lokalisierbare Bildelemente mit Hilfe der in Kapitel 3 vorgestellten Verfahren extrahiert wurden, entsprechen den räumlichen Eckpunkten der ebenen Oberflächen.

Im folgenden wird ausgehend von einem ausschließlich auf die Eckpunkte bezogenen Ansatz auf ein Verfahren übergegangen, das die Oberflächennormale der Polygonfläche durch Auswertung eines perspektivisch verzerrten virtuellen Kreises ermittelt. Zur Identifikation perspektivisch verzerrter Polygone wird abschließend ein Verfahren auf der Basis des Doppelverhältnisses von Strecken entwickelt.

5.4.1 Eckpunktansatz

Prismatische Werkstücke können nach den beiden skizzierten Verfahren zur Bestimmung der Kameraposition und -orientierung in ebenen Teilbereichen jeweils separat behandelt werden. Dazu müssen für jede betrachtete Fläche drei Fixpunkte in die Berechnung einbezogen werden. Aus jeder Fläche resultiert dann eine neue Position des Projektionszentrums in einem in der Fläche liegenden Koordinatensystem. Da diese Position die relative Lage zwischen Kamera und betrachteter Fläche beschreibt, ist auf diesem Weg auch umgekehrt eine Beschreibung der einzelnen Flächen möglich.

Als A-priori-Wissen werden die relativen Koordinaten der Fixpunkte innerhalb jeder Fläche benötigt, was in der Regel bei bekannten Objekten sichergestellt werden kann. Es bleibt dann allerdings die Zuordnung von Objektecken zu Polygonecken des Bildes zu bestimmen.

Für ein Polygon mit n Ecken gibt es bei Vorgabe einer geordneten Liste von Konturpunkten und der dadurch bedingten zyklischen Vertauschbarkeit gerade n mögliche Zuordnungen. Jede dieser Zuordnungen liefert eine eigene Lösung für den relativen Stand-

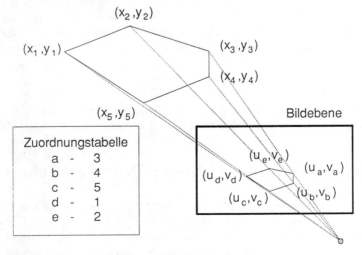

Abbildung 5.6: Eckpunktansatz

5.4 Lagebestimmung ebener Polygonflächen

ort der Kamera (Abbildung 5.6), bei der der symmetrische Standort jenseits der Fläche ausgeschlossen werden muß.

Von den $2 \cdot n$ möglichen Standorten der Kamera ist die wahrscheinlichste Lösung mit Hilfe weiter einschränkender Kriterien auszuwählen. Solche Kriterien können sich durch Vorwissen über einen ungefähren Kamerastandort oder durch Vergleich mit Zuordnungen anderer Polygone im Bild ergeben. Die beiden im folgenden entwickelten Verfahren stellen unabhängig davon Hilfen zur Identifikation und Lokalisierung zur Verfügung.

5.4.2 Identifikation von Polygonen

Der lineare Anteil der Kameraabbildung wird durch eine Reihe von Koordinatentransformationen und die perspektivische Projektion beeinflußt. In Abschnitt 4.1.3 wurde das Doppelverhältnis von Strecken als invariant bei perspektivischer und affiner Transformation eingeführt. Von diesem Effekt soll nun bei der Identifikation von Polygonen im Bild und der damit verbundenen Zuordnung von Eckpunkten Gebrauch gemacht werden.

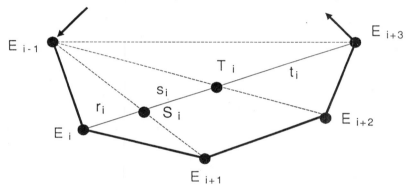

Abbildung 5.7: Ausnutzen des Doppelverhältnisses

Gegeben seien fünf Punkte eines Polygons, die wie in Abbildung 5.7 angeordnet im Bild vorgefunden werden. Das Doppelverhältnis η von vier Punkten auf der Verbindungsstrecke zwischen den Eckpunkten E_i und E_{i+3}, das sich durch Schnitt mit den Verbindungsgeraden zwischen E_{i-1} und E_{i+1}, E_{i+2} sowie E_{i+3} ergibt, ist charakteristisch für diesen Teil des Polygons und kann vorab in realen Abmessungen berechnet werden. Bei beliebiger Kameraansicht läßt sich dieses Verhältnis η_i im Rahmen der Systemgenauigkeit in der Abbildung des Eckpunktes i verifizieren:

$$\eta_i = \frac{(r_i + s_i) \cdot (s_i + t_i)}{s_i \cdot (r_i + s_i + t_i)} \qquad i = 0 \ldots n-1 \qquad (5.11)$$

mit

r_i: Streckenlänge zwischen E_i und S_i

s_i: Streckenlänge zwischen S_i und T_i

t_i: Streckenlänge zwischen T_i und $E_{(i+3)\bmod n}$

S_i: Schnittpunkt Strecke $(E_{(i-1)\bmod n}, E_{(i+1)\bmod n})$ mit Strecke $(E_i, E_{(i+3)\bmod n})$

T_i: Schnittpunkt Strecke $(E_{(i-1)\bmod n}, E_{(i+1)\bmod n})$
mit Strecke $(E_{(i-1)\bmod n}, E_{(i+2)\bmod n})$

Bei einer derartigen Vorgehensweise sind Polygone mit mindestens fünf Ecken erforderlich. Dann ergeben sich für ein n-Eck gerade n Doppelverhältnisse, die mit der Reihenfolge des Umlaufsinns als invariantes Merkmal zur Identifikation des Polygons und seiner Eckpunkte dienen.

5.4.3 Der virtuelle Kreis

Alternativ zur Raumlagebestimmung des Polygons durch räumlichen Rückwärtseinschnitt sei noch auf ein Verfahren hingewiesen, das sich die perspektivische Verzerrung der Polygonebene zunutze macht. Durch Vertauschen von u und x sowie v und y in Gl. (5.2) wird eine auf die Ebene $z = 0$ bezogene Verzerrungstransformation beschrieben. Die Lösung eines solchen Gleichungssysstems erfolgt nach Zuordnung von räumlichen Eckpunkten zu Bildeckpunkten analog zum Gleichungssystem (5.3). Aus vier Eckpunkten werden somit die Verzerrungsparameter a'_j, b'_j, c'_k ($j = 0, 1, 2; k = 1, 2$) bestimmt.

$$u = \frac{a'_0 + a'_1 \cdot x + a'_2 \cdot y}{1 + c'_1 \cdot x + c'_2 \cdot y} \qquad u = \frac{b'_0 + b'_1 \cdot x + b'_2 \cdot y}{1 + c'_1 \cdot x + c'_2 \cdot y} \qquad (5.12)$$

Liegen mehr als vier Polygoneckpunkte vor, kann der Fehler in den Parametern mit der im Anhang unter A.2 diskutierten Ausgleichsrechnung für lineare Gleichungssysteme minimiert werden.

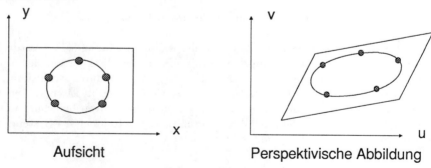

Abbildung 5.8: Abbildung von Polygon und virtuellem Kreis

Mit Gl. (5.12) können nun beliebige Punkte der Bezugsebene (x, y) in die Bildebene (u, v) projiziert werden. Das können beispielsweise auch die Punkte eines virtuellen Kreises sein, der zu einer Ellipse im Bild perspektivisch verzerrt wird. Dazu reicht die Transformation von fünf Punkten eines Kreises (x_i, y_i) $i = 1 \ldots 5$ in die Bildebene aus, um hier die Parameter der Ellipse vollständig zu bestimmen. Das Verfahren der Zuordnung einer Bildellipse zum virtuellen Kreis im Raum wird dann analog zu der im Abschnitt 5.4 diskutierten Abbildung realer kreisförmiger Konturen durchgeführt.

Von den dort gewonnenen beiden Ergebnissen für den Oberflächennormalenvektor ist das unwahrscheinlichere auszuschließen. Abbildung 5.8 zeigt einen solchen virtuellen Kreis mit dem zugehörigen Polygon.

5.5 Lagebestimmung kreisförmiger Strukturen

Abschließend soll die analytische Auswertung von durch perspektivische Effekte verzerrten kreisförmigen Strukturen untersucht werden. Dazu wird zunächst die mathematische Darstellung der Konturen betrachtet. Ausgehend von einem elliptischen Kegel und seinen Schnittflächen wird dann die Orientierung der Kreisfläche und die bis auf einen Skalar definierte Mittelpunktkoordinate des Kreises im Raum hergeleitet. Ein Anwendungsbeispiel beschreibt den Einsatz der Kreislokalisierung für die Bewegungssteuerung bei einem Fügevorgang.

5.5.1 Perspektivische Abbildung des Kreises

Die mit dem linearen Anteil des Kameramodells auf eine Bildebene projizierten Kreise werden als Ellipsen abgebildet. Der Beweis dieser Aussage geschieht durch Einsetzen einer Kreisgleichung mit Ursprungslage in die Abbildungsgleichung der Direkten Linearen Transformation für eine Ebene nach Gl. (5.2). Etwa vorhandene nichtlineare Terme des Modells sind mit Hilfe der inversen geometrischen Transformation vorher zu kompensieren.

Es gilt: Kreise werden durch eine Kamera, deren Abbildung sich hinreichend genau durch die Direkte Lineare Transformation beschreiben läßt, auf Kegelschnitte abgebildet.

Beweis: O.B.d.A. sei der Kreis mit Radius r in Ursprungslage des Weltkoordinatensystems (x, y, z) in der Form $x^2 + y^2 - r^2 = 0$ gegeben. Setzt man x und y aus Gl. (5.2) in die Kreisgleichung ein, so ergibt sich eine Gleichung der Form

$$A_1 \cdot u^2 + A_2 \cdot v^2 + 2B \cdot uv + 2C_1 \cdot u + 2C_2 \cdot v + D = 0 \quad (5.13)$$

mit den Abkürzungen A_1, A_2, B, C_1, C_2 und D in Abhängigkeit von a_i, b_i, c_j ($i = 0..2, j = 1, 2$) aus Gl. (5.2):

$$\begin{aligned}
A_j &= a_j^2 + b_j^2 - r^2 \cdot c_j^2 \text{ mit } j = 1,2 \\
B &= a_1 \cdot a_2 + b_1 \cdot b_2 - r^2 \cdot c_1 \cdot c_2 \\
C_j &= a_0 \cdot a_j + b_0 \cdot b_j - r^2 \cdot c_0 \cdot c_j \text{ mit } j = 1,2 \\
D &= a_0^2 + b_0^2 - r^2
\end{aligned}$$

Gl. (5.13) beschreibt dann einen Kegelschnitt im Bildkoordinatensystem (u, v). Unter der Bedingung, daß $B^2 < A_1 \cdot A_2$ gilt, stellt Gl. (5.13) die Gleichung einer Ellipse dar.

Im folgenden wird davon ausgegangen, daß Kegelschnitte nach Gl. (5.13) vorliegen.

5.5.2 Bestimmung der räumlichen Freiheitsgrade

Die Bestimmung der fünf räumlichen Freiheitsgrade eines Kreises wird in zwei Schritten vorgenommen. In einem ersten Schritt werden die beiden Freiheitsgrade der Drehung für den in einer Achse rotationssymmetrischen Kreis festgelegt. Dies geschieht in Form eines im Kamerakoordinatensystem angegebenen Normalenvektors der Ebene, in der der Kreis angeordnet ist. In einem zweiten Schritt wird die Mittelpunktkoordinate berechnet. Die Angabe der drei Komponenten dieser Koordinate ist nur bis auf eine skalare Konstante möglich. Darüberhinaus muß die Verwendung von Zusatzinformationen etwa in Form des realen Kreisdurchmessers oder des Abstands der Ebene berücksichtigt werden.

5.5.2.1 Orientierung der Kreisnormalen

Für die Berechnung des Normalenvektors der Kreisebene in einem auf die Kamera bezogenen Koordinatensystem stelle man sich einen elliptischen Kegel mit Ursprung im Projektionszentrum der Kamera vor. Das Schnittbild in der Bildebene ergebe gerade die abgebildete Ellipse (Abbildung 5.9). Die Mantelfläche dieses elliptischen Kegels ist der geometrische Ort aller Kreise und Ellipsen im Raum, die auf die gegebene Ellipse im Bild abgebildet werden. Der Normalenvektor des Kreises muß nun zunächst so bestimmt werden, daß der Kreis gleichzeitig ein Schnittbild des Kegels darstellt.

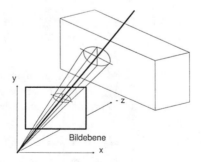

Abbildung 5.9: Perspektivische Abbildung eines Kreises

Ein elliptischer Kegel in Hauptachsen- und Ursprungslage gehorcht Gl. (5.14), wenn die Symmetrieachse der z-Achse entsprechend angenommen wird. Die Konstanten a und b können als Halbachsen der Schnittellipse bei $z = c$ interpretiert werden:

$$\frac{x^2}{a^2} + \frac{y^2}{b^2} - \frac{z^2}{c^2} = 0 \tag{5.14}$$

5.5 Lagebestimmung kreisförmiger Strukturen

Eine Drehung des Koordinatensystems aus der Hauptachsenlage in eine beliebige andere Ursprungslage führt zu Gl. (5.15).

$$a_{11} \cdot x^2 + a_{22} \cdot y^2 + a_{33} \cdot z^2 + 2a_{12} \cdot xy + 2a_{13} \cdot xz + 2a_{23} \cdot yz = 0 \qquad (5.15)$$

Der Parameter a_{11} kann o.B.d.A. zu Eins angenommen werden, wenn die Grundform der Ellipse im Bild gesichert ist. Die Bestimmung der restlichen Parameter erfolgt über fünf Punkte der Bildellipse durch Ansetzen eines linearen Gleichungssystems in den Parametern a_{ij}. Bei einer nicht verkippten Bildebene kann die z-Koordinate der Bildpunkte durch die Kammerkonstante c angegeben werden. Die x- und y-Koordinate ergibt sich dann durch Umrechnen des Bildpunktindexes in eine räumliche Koordinate über den Bildhauptpunkt und die Bildpunktgröße. Gekippte Bildebenen werden mit Hilfe der Koordinatentransformation nach Gl. (4.6) überführt.

Wird für die Drehung des Koordinatensystems von einem Ortsvektor im Kamerakoordinatensysten $\vec{r}$ in einen Ortsvektor im Hauptachsenkoordinatensystem $\vec{r}\,'$ eine 3×3 Rotationsmatrix $\underline{B}$ benutzt, dann kann mit $\vec{r} = \underline{B} \cdot \vec{r}\,'$ Gl. (5.15) auch vektoriell geschrieben werden:

$$\vec{r}^{\,T} \cdot \underline{A} \cdot \vec{r} = (\underline{B} \cdot \vec{r}\,')^T \cdot \underline{A} \cdot \underline{B} \cdot \vec{r}\,' = \vec{r}\,'^T \cdot (\underline{B}^T \cdot \underline{A} \cdot \underline{B}) \cdot \vec{r}\,' = 0 \qquad (5.16)$$

mit

$$\underline{A} = \begin{pmatrix} a_{11} & a_{12} & a_{13} \\ a_{12} & a_{22} & a_{23} \\ a_{13} & a_{23} & a_{33} \end{pmatrix}$$

Der Vergleich von Gl. (5.16) mit der analogen vektoriellen Schreibweise von Gl. (5.14) führt zum Eigenwertproblem:

$$\underline{A}' = \underline{B}^T \cdot \underline{A} \cdot \underline{B} \quad \text{mit } \underline{A}' = \begin{pmatrix} \frac{1}{a^2} & 0 & 0 \\ 0 & \frac{1}{b^2} & 0 \\ 0 & 0 & \frac{1}{c^2} \end{pmatrix} \qquad (5.17)$$

Damit Gl. (5.17) erfüllt ist, muß $\underline{B}$ aus den Einheitseigenvektoren $\vec{e}_i$ ($i = 1, 2, 3$) der Matrix $\underline{A}$ bestehen. Dazu sind zunächst die Eigenwerte λ_i ($i = 1, 2, 3$) durch Finden der Nullstellen des charakteristischen Polynoms Gl. (5.18) zu berechnen:

$$\det(\underline{A} - \lambda \underline{E}) = k_3 \cdot \lambda^3 + k_2 \cdot \lambda^2 + k_1 \cdot \lambda + k_0 = 0. \qquad (5.18)$$

Hier sind k_h ($h = 0, 1, 2, 3$) von den Elementen der Matrix $\underline{A}$ abhängige Konstanten. Die Eigenvektoren $\vec{e}_i$ der Matrix $\underline{A}$ ergeben sich dann durch Lösen des Gleichungssystems (5.19).

$$(\underline{A} - \lambda \underline{E}) \cdot \vec{e}_i = 0 \qquad (5.19)$$

Die Rotationsmatrix $\underline{B}$ kann dann aus Spaltenvektoren $\vec{e}_i$ zusammengesetzt werden:

$$\underline{B} = (\vec{e}_1, \vec{e}_2, \vec{e}_3) \tag{5.20}$$

Im Hauptachsenkoordinatensystem $\vec{r}\,'$ kann nun die Ebene gesucht werden, die im Schnitt mit dem elliptischen Kegel zu einer kreisförmigen Schnittlinie führt. Dazu wird eine weitere Rotationsmatrix $\underline{D}$ eingeführt, die das Koordinatensystem der Schnittebene $\vec{r}\,''$ in das Hauptachsenkoordinatensystem $\vec{r}\,'$ transformiert.

$$\vec{r}\,' = \underline{D} \cdot \vec{r}\,'' \tag{5.21}$$

Das Einsetzen eines Ortsvektors $\vec{r}\,''$ nach Gl. (5.21) in die Kegelschnittgleichung (5.14) führt zu

$$k_{11} \cdot x''^2 + k_{22} \cdot y''^2 + k_{33} \cdot z''^2 + 2 \cdot (k_{12} \cdot x''y'' + k_{13} \cdot x''z'' + k_{23} \cdot y''z'') = 0 \tag{5.22}$$

Der Ebenennormalenvektor entspricht der z''-Achse, so daß o.B.d.A. eine Ebene bei $z'' = 1$ betrachtet werden kann:

$$k_{11} \cdot x''^2 + k_{22} \cdot y''^2 + 2 \cdot (k_{12} \cdot x''y'' + k_{13} \cdot x'' + k_{23} \cdot y'') + k_{33} = 0 \tag{5.23}$$

Durch Vergleich der Koeffizienten k_{ij} von Gl. (5.23) mit denen der allgemeinen Kegelschnittgleichung (5.13) und durch Ausnutzen der Kreisbedingung $k_{11} = k_{22}$, $k_{12} = 0$ ergeben sich über die Elemente der Rotationsmatrix $\underline{D}$ die beteiligten Drehwinkel. Der Normalenvektor $\vec{n}$ des Kreises im Kamerakoordinatensystem läßt sich durch Transformation gewinnen:

$$\vec{n} = \underline{B} \cdot \underline{D} \cdot (0, 0, 1)^T \tag{5.24}$$

Abbildung 5.10 zeigt ein Schnittbild der x/z-Ebene und die Transformation in die Hauptachsenlage.

5.5.2.2 Räumliche Mittelpunktkoordinate

Der zweite Teil der Lokalisierung eines Kreises besteht in der Berechnung der Mittelpunktkoordinate. Dazu wird wieder ein Schnitt durch den elliptischen Kegel im Koordinatensystem (x'', y'', z'') bei einem festen z'' betrachtet. Der Kegelschnitt hat dann beispielsweise bei $z'' = 1$ die Form nach Gl. (5.23). Der Koeffizientenvergleich bei bekannter Rotationsmatrix $\underline{D}$ liefert Werte für die einzelnen k_{ij} aus Gl. (5.23). Für solchermaßen beschriebene Kegelschnitte sind Mittelpunktgleichungen in mathematischen Formelsammlungen (z.B. [BRON76]) angegeben. Sie können im Koordinatensystem (x'', y'', z'') unmittelbar aufgelöst werden.

5.5 Lagebestimmung kreisförmiger Strukturen

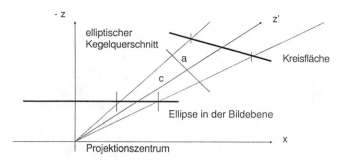

Abbildung 5.10: Schnitt durch den elliptischen Kegel

Mit Hilfe des Strahlensatzes kann der Mittelpunkt in der Ebene $z'' = 1$ $(x''_{m1}, y''_{m1}, 1)$ auf beliebige Ebenen $z'' = const$ überführt werden. Sei ρ_1 der Radius des Kreises, der bei $z'' = 1$ geschnitten wird und ρ der Radius des zu untersuchenden Kreises, dann gilt

$$(x''_m, y''_m, z''_m) = \frac{\rho}{\rho_1} \cdot (x''_{m1}, y''_{m1}, 1) \qquad (5.25)$$

Der Radius ρ_1 ist ein Kennwert des elliptischen Kegels, der aus Parametern der Gl. (5.23) berechnet werden kann. Er ergibt sich nach wenigen Umformungen zu

$$\rho_1^2 = \frac{k_{23}^2}{k_{11}^2} - \frac{k_{33}}{k_{11}}. \qquad (5.26)$$

Im Kamerakoordinatensystem errechnet sich dann die Mittelpunktkoordinate mit Hilfe der beiden Rotationsmatrizen $\underline{D}$ und $\underline{B}$ zu

$$(x_m, y_m, z_m)^T = \underline{B} \cdot \underline{D} \cdot \frac{\rho}{\rho_1} (x''_m, y''_m, 1)^T. \qquad (5.27)$$

5.5.3 Ein Anwendungsbeispiel

Der in Gl. (5.25) eingeführte Radius ρ des gesuchten Kreises ist eine Größe, die aus einer monokularen Aufnahme alleine nicht gewonnen werden kann. Das bedeutet, daß zur Angabe der Mittelpunktkoordinaten im Raum zusätzliche Informationen erforderlich sind, während die Angabe der Oberflächenorientierung ohne weitere Daten möglich ist. Je nach Anwendung wird es also notwendig sein, entweder den Radius des Kreises oder einen Abstand zur Oberfläche zur Verfügung zu stellen. Eine interessante Anwendung besteht in der berührungslosen Vermessung von Bohrlöchern zur Steuerung von Fügeoperationen eines Roboterarms (Abbildung 5.11). In diesem Fall kann oft auf bekannte Abmessungen der Bohrlöcher zurückgegriffen werden, um im Rahmen der erreichbaren Genauigkeit Korrekturbewegungen zu erzeugen.

Die photogrammetrisch hergeleitete, berührungslose Positionsmessung runder Umrisse von Bohrungen oder Bolzen stellt im Rahmen der automatischen Montage eine

 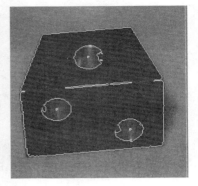

Abbildung 5.11: Berührungslose Bohrlochvermessung

wichtige Information dar. Nach erfolgreicher Identifizierung eines Objekts stehen hiermit zusätzliche Lokalisierungsfunktionen zur Verfügung, mit denen Details der Szene im Rahmen der recht hohen photogrammetrischen Genauigkeit vermessen werden können. Diese Meßwerte können beispielsweise bei Fügeoperationen unmittelbar zur Bewegungsteuerung von Handhabungssystemen eingesetzt werden.

6. Stereoskopische Vermessungen von Raumpunkten

Die Vermessung von beliebigen Raumpunkten unter ausschließlicher Verwendung von Vision-Systemen wird durch die Verwendung mehrerer unterschiedlicher Ansichten ermöglicht. Diese Ansichten können dabei durch einen Aufbau mit mehreren Kameras oder durch die Aufnahmen einer bewegten Kamera erreicht werden. Das erste Verfahren wird in der Literatur bei Verwendung von zwei Kameras als binokulares Stereoprinzip, das zweite als Bewegungsstereoprinzip bezeichnet. In beiden Fällen wird eine Triangulation aus den einzelnen Sehstrahlen zwischen Bild- und Objektpunkt sowie den Verbindungslinien zwischen den Projektionszentren der Aufnahmen durchgeführt. Durch sog. Vorwärtsschnitt der Sehstrahlen zum gleichen Objektpunkt wird die Position des Raumpunktes bestimmt.

Zunächst wird aus Gründen der Übersichtlichkeit die Triangulation für eine besonders günstige Anordnung der Kameras vorgeführt, bevor dann, ausgehend vom entwickelten Kameramodell, ein allgemein gültiges Triangulationsverfahren zur Tiefenbestimmung für beliebige Kameraanordnungen hergeleitet wird. Bei der Herleitung ist die Beschränkung auf zwei Ansichten möglich, da das Verfahren bei mehr als zwei Bildern, also bei mehreren Blickrichtungen oder bei Bildfolgen, analog eingesetzt werden kann.

Das in der Literatur ausführlich behandelte Korrespondenzproblem bei der Zuordnung der beiden Bildpunkte eines Objektpunktes in den beiden Stereobildern wird mit allen bekannten Problemen hier als gelöst vorausgesetzt. Daher werden hier nur die Einflüsse des Modells auf die Korrespondenzpunktsuche und rechentechnische Aspekte behandelt.

6.1 Günstige Anordnung des Stereokamerapaars

Die in vielen Lehrbüchern (z.B. [SHIR87a]), beschriebene Anordnung eines Zweikamerasystems geht davon aus, daß die Kamerakoordinatensysteme parallele x-Achsen mit dem Abstand d, gleiche y-Achsen und um den Winkel $2 \cdot \vartheta$ verdrehte z-Achsen besitzen (Abbildung 6.1).

Ein Objektpunkt mit Koordinaten in einem gemeinsamen Koordinatensystem (x, y, z) wird in den beiden Bildern an den Positionen (u_1, v_1) und (u_2, v_2) gesehen. Zur Vereinfachung werden die Ursprünge der Kamerakoordinatensysteme zunächst um die Kammerkonstanten c_i in die jeweiligen Bildhauptpunkte verschoben. Dann gilt zunächst für die Transformation des Objektpunktes in diese Kamerakoordinatensysteme (x_i, y_i, z_i):

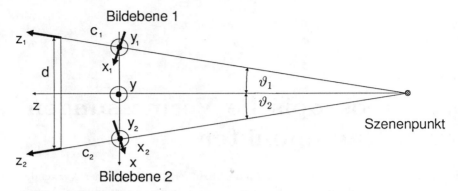

Abbildung 6.1: Günstige Anordnung eines Binokularstereosystems

$$\begin{pmatrix} x_i \\ y_i \\ z_i \end{pmatrix} = \begin{pmatrix} \cos\vartheta_i & 0 & \sin\vartheta_i \\ 0 & 1 & 0 \\ -\sin\vartheta_i & 0 & \cos\vartheta_i \end{pmatrix} \cdot \begin{pmatrix} x + D_i \\ y \\ z \end{pmatrix} \quad i = 1,2 \qquad (6.1)$$

mit

$$\vartheta_1 = \vartheta, \vartheta_2 = \vartheta \text{ und } D_1 = \frac{d}{2} - c_1 \cdot \sin\vartheta, D_2 = c_1 \cdot \sin\vartheta - \frac{d}{2}$$

Die Bildkoordinaten (u_i, v_i) lassen sich mit der Grundgleichung der perspektivischen Abbildung Gl. (4.1) unter Berücksichtigung der Verschiebung des Ursprungs um c_i angeben mit:

$$u_i = \frac{c_i \cdot x_i}{c_i - z_i} \qquad v_i = \frac{c_i \cdot y_i}{c_i - z_i} \qquad (6.2)$$

Das Einsetzen von Gl. (6.1) in Gl. (6.2) führt dann zu einem überbestimmten linearen Gleichungssystem in den Koordinaten (x, y, z), bei dem die vierte Bedingung zur Ausgleichung und Fehlerminimierung genutzt werden kann. Eine physikalisch und meßtechnisch sinnvolle Form der Ausgleichung soll aber erst später behandelt werden, wenn von dieser idealisierten Anordnung des Stereosystems zu einem realen Kamerapaar übergegangen wird.

6.2 Das Korrespondenzproblem

In der Einführung wurden die beiden beobachteten Bildpunkte (u_i, v_i) als gegeben vorausgesetzt und nur der photogrammetrische Aspekt der Triangulation und Raumpositionsberechnung betrachtet. In der Praxis sind aber nur solche Punkte in den einzelnen Bildern gegeben, die beispielsweise nach den im Abschnitt 3.2.5 diskutierten Verfahren bestimmt worden sind. Es fehlt die Zuordnung des Objektpunktes zu den entsprechenden Bildpunkten in beiden Bildern. Dieser Umstand wird in der Literatur als *Korrespondenzproblem* bezeichnet und wurde in den letzten Jahren sehr ausführlich behandelt (z.B. [BARN72], [DRES81], [PIEC85]).

Die Suche nach korrespondierenden Punkten in den beiden Bildern wird durch die Bestimmung eines Maßes für die Ähnlichkeit zwischen der Grauwertumgebung um einen Referenzpunkt in ersten Bild und der um einem Kandidatenpunkt im zweiten Bild charakterisiert. Zwei in der Literatur angegebene Ähnlichkeitsmaße werden im folgenden diskutiert und verglichen. Ein für das untersuchte Bildmaterial verwendbares Maß wird zur Bestimmung der Disparität, das ist der Differenzvektor zwischen den korrespondierenden Bildpunkten, hergeleitet.

6.2.1 Ähnlichkeitsmaße

Das in den betrachteten Anwendungsfällen verwendete Ähnlichkeitsmaß muß invariant sein gegenüber den unterschiedlichen Lagen und Abbildungen eines Objektpunktes in beiden Bildern. Bilden die beiden eingesetzten Kameras mit annäherd gleichen Modellparametern ab, spielt die relative Lage der beiden Kameras zum beobachteten Objekt die wesentliche Rolle. Bei einer Objektentfernung, die groß im Vergleich zum Abstand der beiden Kameras ist, brauchen nur die ebenen Freiheitsgrade betrachtet werden. Eine Größenskalierung der betrachteten Punktmuster und die Abhängigkeit der Mustergestalt vom Betrachtungswinkel kann dann vernachlässigt werden.

Neben geometrischen Abbildungsaspekten sind noch photometrische Kriterien zu berücksichtigen. Es ist nicht prinzipiell sichergestellt, daß ein Objektpunkt von zwei unterschiedlichen Kameras in der gleichen Helligkeit abgebildet wird. Im Gegensatz zur Bearbeitung von Bildfolgen, bei denen das Bildmaterial durch die gleiche Kamera mit zeitlich konstantem Abbildungsverhalten erzeugt wird, ist bei Verwendung von mehreren Kameras die Entstehung verschiedener Grauwerte bei den Abbildungen eines Objektpunktes möglich.

Die unterschiedlichen Lichtmengen können durch ungleiche Blendeneinstellungen oder Belichtungszeiten (bei neueren CCD-Kameras), aber auch durch fertigungsbedingte Toleranzen hervorgerufen werden. Die Ursache kann auch in der jeweiligen Aufbereitung des Videosignals liegen, z.B. durch ungleiche Dunkelspannungen und eine unterschiedliche Verstärkung der beiden Videosignale. Daher muß ein entsprechendes Ähnlichkeitsmaß eine lineare Anpassung (Offset und Normierung) des Grauwerts beinhalten.

6.2.1.1 Kreuzkorrelationskoeffizient

Wegen der stochastischen Zusammenhänge zwischen den als gleichwertige Zufallsvariable in Erscheinung tretenden Grauwerten der beiden Bilder liegt die aus der Nachrichtentechnik bekannte Berechnung eines Korrelationskoeffizienten nahe. Sie führt zu einer Korrelationsanalyse einer Stichprobe des Umfangs N aus Grauwerten der Umgebung.

Für die Anwendung in der Stereobildkorrelation muß der Koeffizient die genannten unterschiedlichen Eigenschaften der beiden Kameras geeignet berücksichtigen. Solange keine geometrisch unterschiedlichen Aufnahmeverfahren vorliegen, erfüllt der normierte Kreuzkorrelationskoeffizient nach Gl. (6.3) diese Bedingung, da er auch bei linearer Abhängigkeit der beiden Grauwertfunktionen noch eine volle Übereinstimmung signalisiert. Der Koeffizient K_k ergibt sich aus Grauwerten des linken und rechten Bildes g_1 bzw. g_2 zu:

$$K_k^2 = \frac{(\Sigma_N g_1 \cdot g_2 - N \cdot \mu_1 \cdot \mu_2)^2}{(\Sigma_N g_1^2) - \frac{1}{N} \cdot (\Sigma_N g_1)^2) \cdot (\Sigma_N g_2^2) - \frac{1}{N} \cdot (\Sigma_N g_2)^2)} \tag{6.3}$$

mit

μ_1: Mittlere Grauwerte der Stichproben im linken Bild

μ_2: Mittlere Grauwerte der Stichproben im rechten Bild

Σ_N: Abkürzung für eine Summe über alle N Stichproben

Der Koeffizient K_k nimmt Werte zwischen -1 und 1 an, wobei $K_k = 1$ für eine Übereinstimmung im beschriebenen Sinn steht und $K_k = 0$ für den Fall stochastischer Unabhängigkeit. $K_k = -1$ entsteht, wenn g_2 in der untersuchten Stichprobe gerade das fotografische Negativ von g_1 darstellt. Ein so definiertes Ähnlichkeitsmaß wird in der digitalen Off-Line-Korrelation von Stereobildern bei der Luftbildauswertung eingesetzt und ist u.a. in [PIEC85] beschrieben.

Der Koeffizient ist wegen des punktweisen Vergleichs von Referenzumgebung und Umgebung eines Korrespondenzpunktkandidaten nur invariant gegenüber ebenen Translationen. Kameraanordnungen, die gegeneinander um die optische Achse (also in der Bildebene) zu stark verdreht sind, können mit dem Koeffizienten nicht punktweise verglichen werden.

Darüberhinaus ist das Verfahren für den Einsatz in einer schritthaltenden Erstellung von Tiefenkarten wegen des notwendigen Rechenaufwands unbrauchbar. Für jeden Korrespondenzpunkt muß K_k einige Male in der Umgebung des vorgegebenen Bildpunktes berechnet werden, bevor das Maximum die beste Übereinstimmung liefert. Es wird zwar noch gezeigt werden, wie der Suchraum entscheidend eingegrenzt werden kann, jedoch bleibt eine zu lange Berechnungszeit für die Bestimmung des Koeffizienten für einen einzigen Punktkandidaten. Im Gegensatz zu den meisten bisher beschriebenen Vorverarbeitungsfunktionen ist die Umsetzung in eine Spezialrechnerstruktur derzeit nur mit unvertretbarem Aufwand möglich.

6.2.1.2 SSD-Koeffizient

Ein erheblich günstigeres Verhalten zeigt der von Barnea und Silverman bereits 1972 vorgeschlagene SSD-(Sequential Similarity Detection) Algorithmus ([BARN72]). Statt der Summe von Produkten wird hier die Summe von absoluten Grauwertdifferenzen gebildet. Um die verschiedenen Eigenschaften der beiden Kameras zu berücksichtigen, wird die Elimination des Mittelwertes aus den beiden Stichproben vorgeschlagen. Der

6.2 Das Korrespondenzproblem

Koeffizient bleibt zwar auch nur translationsinvariant, jedoch bedeutet dies bei Stereoanordnungen keine wesentliche Einschränkung. Die Bestimmungsgleichung für den nach dem SSD-Algorithmus berechneten Koeffizient K_s ergibt sich dann mit g_1, g_2, μ_1 und μ_2 aus Gl. (6.3) wie folgt:

$$K_s = \Sigma_N |(g_1 - \mu_1) - (g_2 - \mu_2)|. \tag{6.4}$$

Im Gegensatz zum Koeffizienten K_k ist die größte Ähnlichkeit bei möglichst kleinen K_s zu finden. Die Tatsache, daß K_s im Laufe seiner Berechnung monoton wächst, kann ausgenutzt werden, um bereits bei Überschreiten einer Schwelle die Berechnung abzubrechen. Diese Schwelle kann während eines Suchvorgangs vom bis dahin minimal erreichten Koeffizienten bestimmt werden.

K_s berücksichtigt zwar unterschiedliche Offsetwerte, liefert jedoch keine sinnvolle Aussage bei unterschiedlichen photometrischen Eigenschaften der beiden Kameras. Wird ein um einen konstanten Faktor verschiedener Grauwert verursacht, ist die Normierung der Grauwerte auf den im jeweiligen Fenster beobachteten Mittelwert notwendig. Da die Einstellung zweier Kameras auf eine gemeinsame Dunkelspannung, z.B. bei abgedeckten Objektiven, einfacher durchzuführen ist, wird in dieser Arbeit der normierte SSD-Koeffizient K_n nach Gl. (6.5) vorgeschlagen. Er vernachlässigt die Offsetkorrektur zugunsten einer Verstärkungskorrektur.

$$K_n = \Sigma_N \left| \frac{g_1}{\mu_1} - \frac{g_2}{\mu_2} \right| \tag{6.5}$$

Die rechentechnische Realisierung des normierten SSD-Koeffizienten ist vergleichsweise einfach. Für jeden Bildpunkt in den beiden Bildern kann bereits während der Aufnahme der mittlere Grauwert bei vorgegebener Fenstergröße durch einen Faltungsprozessor schritthaltend bestimmt werden. Mit Hilfe einer Look-up-Tabelle ist die Berechnung des Verhältnisses zwischen aktuellem Grauwert und Mittelwert ebenfalls im Bildpunkttakt möglich. Damit stehen für die Korrespondenzpunktsuche Bilder zur Verfügung, aus denen durch Summierung der bildpunktweisen absoluten Differenz der SSD-Koeffizient K_n unmittelbar berechnet werden kann.

6.2.2 Bestimmung von Disparitäten

Die Korrespondenzpunktsuche hat den Punkt mit der besten Ähnlichkeit zum Referenzpunkt als Ergebnis. Dafür muß der Koeffizient über einer Stichprobe von Bildpunkten aus einer Umgebung von Referenzbildpunkt und Kandidat gebildet werden. Naheliegend für die Form der Stichprobe ist die Verwendung eines quadratischen Fensters um den zu untersuchenden Bildpunkt. In dieser Umgebung muß eine hinreichend große richtungsunabhängige Varianz der Grauwerte dafür sorgen, daß für das andere Bild eine eindeutige Zuordnung erfolgen kann.

Eine solche Situation liegt beispielsweise an den markanten Punkten vor, die mit dem in Abschnitt 3.2.5.3 entwickelten Mediandifferenzoperator berechnet wurden. Alle Verfahren, die mit gleicher Empfindlichkeit auf die richtungsabhängige Varianz von Kanten reagieren (wie z.B. der Moravec-Operator aus Abschnitt 3.2.5.1), sind für die Auswahl von Referenzpunkten ungeeignet, da bei ungesteuerter Suche des Korrespondenzpunktes alle Punkte entlang der Kante ein vergleichbares Operatorergebnis erzielen und somit eine eindeutige Zuordnung nicht möglich ist.

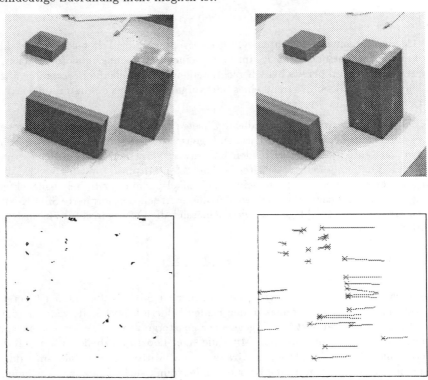

Abbildung 6.2: Bestimmung von Disparitäten mit Hilfe des SSD-Algorithmus

Ist die relative Anordnung der beiden Kameras bekannt, kann die Disparität bei Vorgabe eines bestimmten Entfernungsbereiches eingegrenzt werden. Die Kameraanordnung legt fest, wie der Sehstrahl durch den Referenzpunkt auf die zweite Kamera projiziert wird. Bei der oben diskutierten günstigen Anordnung des Stereokamerapaars (Basis b, Kammerkonstante c) wird ein beliebiger Sehstrahl der linken Kamera immer zu einer Geraden in y-Richtung in der Projektion der rechten Kamera. Die gesteuerte Korrespondenzpunktsuche kann sich in diesem Fall auf einen Vergleich der gleichen Zeile beschränken. Der Suchbereich kann durch Abbildung eines unendlich fernen Punktes auf dem Sehstrahl und durch Vorgabe einer Mindestentfernung e auf einen maximalen Betrag der Disparität d (als reales Maß auf der Bildebene) $d = c \cdot \frac{b}{e}$ eingeschränkt werden.

Bei allgemeinen Kameraanordnungen sind die entsprechenden Koordinatentransformationen zu berücksichtigen und sicherheitshalber ein weniges Bildpunkte breiter Streifen auf mögliche Korrespondenzpunktkandidaten abzusuchen. Ein Verfahren zur Bestimmung der Projektion eines Sehstrahls für den allgemeinen Fall wird weiter unten diskutiert.

Abbildung 6.2 zeigt ein Beispiel für die Disparitätsbestimmung von markanten Punkten mit Hilfe des favorisierten normierten SSD-Koeffizienten. Links unten ist die Anwendung eines Punktefinders (Mediandifferenzoperator) auf das linke Kamerabild einer Szene (links oben) dargestellt. Als korrespondierende Punkte werden die markanten Punkte des linken Bildes im rechten Kamerabild (oben rechts) gesucht. Unten rechts sind die berechneten Disparitäten als Vektorfeld abgebildet.

Nachdem das Triangulationsprinzip und die Lösung des Korrespondenzproblems zur Verfügung stehen, soll nun ein realer Aufbau eines Stereokamerapaars betrachtet werden.

6.3 Verallgemeinerung der Kamerapaaranordnung

In der Realität wird der ideale Aufbau aus Abbildung 6.1 aufgrund mechanischer Toleranzen nicht erreicht. Es ist mit vertretbarem Aufwand nicht möglich, die Zeilen der beiden Kameras auf die gleiche Höhe einzustellen, da ihr Abstand auf der lichtempfindlichen Fläche der CCD-Kameras nur wenige μm beträgt. Aus diesem Grund müssen für den praktischen Einsatz von Binokularstereoanordnungen die Grenzen der Montagegenauigkeit berücksichtigt werden. Dies wird im folgenden durch einen geometrischen Ansatz erreicht, der eine nahezu beliebige relative Anordnung der Kameras erlaubt. Als einzige Voraussetzung wird wegen des bereits skizzierten Korrespondenzproblems von einem etwa gleichen, unverdrehten Aussehen des Objektpunktes in beiden Bildern ausgegangen.

6.3.1 Kalibrierung des Kamerapaars

Mit den in Abschnitt 4.3 diskutierten Möglichkeiten zur Kalibrierung einer Videokamera kann die Kalibrierung des Kamerapaars durch Kombination zweier Einzelkalibrierungen erreicht werden. Dazu wird ein Paßpunktgestell für beide Kameras sichtbar als gemeinsame Basis benutzt. Die Parameter der inneren Orientierung ohne die Kammerkonstante werden dann jeweils zur Korrektur und Transformation bis auf eine ideale Abbildungsebene verwendet. Das übrigbleibende zentralperspektivische Modell enthält außer der Kammerkonstanten die äußeren Parameter der Kameralage (Position und Orientierung) in einem durch das Kalibrierungsgestell festgelegten Koordinatensystem.

Die relative Anordnung der Kameras zueinander kann durch Vergleich der äußeren Parameter gewonnen werden. Im folgenden wird von einem beliebigen kartesischen Weltkoordinatensystem ausgegangen, auf das das zentralperspektivische Modell beispielsweise durch Angabe der Matrix der Direkten Linearen Transformation bezogen ist. Ist das Stereokamerapaar ortsfest, kann ein ebenfalls ortsfestes Koordinatensystem mit Ursprung in der Szene gewählt werden.

Bei bewegten Anordnungen empfiehlt sich ein mit dem Kamerapaar mitbewegtes Koordinatensystem, das z.B. auf den Bildhauptpunkt einer der beiden Kameras bezogen ist. Die entsprechenden DLT-Matrizen werden durch Anwendung der Umrechnungsgleichungen zwischen Parametern der inneren und äußeren Orientierung und der Matrix der Direkten Linearen Transformation entsprechend Gl. (4.25) bestimmt. Aus der Kalibrierung in einem ortsfesten Koordinatensystem wird dazu die relative Anordnung des Kamerapaars gewonnen und mit den beiden Kammerkonstanten eingesetzt.

6.3.2 Der räumliche Vorwärtsschnitt

Für die Bestimmung der räumlichen Position von Objektpunkten aus zwei allgemeinen Ansichten wird hier auf ein geodätisches Verfahren zurückgegriffen. Für die Vermessung eines Raumpunktes mit Hilfe zweier Theodoliten wird, wie bereits diskutiert, in der Geodäsie der sogenannte Vorwärtsschnitt verwendet. Im Gegensatz zum Rückwärtsschnitt, der in Kapitel 5 diskutiert wurde, wird hier vom Meßinstument vorwärts in die Szene gemessen. Dabei liefert jeder der beiden Theodoliten zwei Winkel, die den jeweiligen Sehstrahl charakterisieren. Ein Punkt inmitten der Punkte des minimalen Abstands zwischen den windschief angenommenen Sehstrahlen stellt dann die angenommene Objektpunktkoordinate mit dem geringsten Fehler dar. Statt der beiden gemessenen Winkel des Theodoliten liefert jede Kamera eine Bildkoordinate (u_i, v_i), die leicht in den ursprünglich aus Zenitabstand und Horizontalwinkel bestimmten Sehstrahl für das Verfahren nach Waldhäusl ([WALD79]) umgerechnet werden kann (Abbildung 6.3).

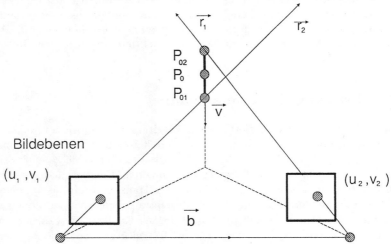

Abbildung 6.3: Räumlicher Vorwärtsschnitt nach Waldhäusl

Nach Kalibrierung der beiden Kameras auf ein gemeinsames aber beliebiges Weltkoordinatensystem läßt sich wie beschrieben die relative Anordnung der Kameras aus der äußeren Orientierung angeben. Die Raumrichtungen $\vec{r}_i$ für den Vorwärtsschnitt ergeben sich aus den Kalibrierungswerten zu

$$\vec{r}_i = \frac{R_i \cdot \vec{s}_i}{|\vec{s}_i|} \text{ mit } \vec{s}_i = (u_i, v_i, -c_i)^T \ , \ i = 1, 2 \tag{6.6}$$

Um eine aufwendige Justage der beiden Kameras zu vermeiden, wird die Angabe zweier Drehmatrizen R_i erforderlich, die die beiden nicht notwendigerweise parallelen Kamerakoordinatensysteme aufeinander beziehen. Wird eines der Kamerakoordinatensysteme als Basis gewählt, ist deren Drehmatrix die Einheitsmatrix. Der Standlinienvektor entlang der Basis zwischen den beiden Kameras entspricht der Translation zwischen den beiden Koordinatensystemen.

Wenn der kürzestmögliche Abstandsvektor zwischen den Raumrichtungen $\vec{v}$ genannt wird, kann unter Berücksichtigung der Tatsache, daß $\vec{v}$ senkrecht auf $\vec{r}_1$ und $\vec{r}_2$ steht, die folgende Vektorgleichung nach Abbildung 6.3 aufgestellt werden:

$$\lambda_1 \cdot \vec{r}_1 - \lambda_2 \cdot \vec{r}_2 - \vec{b} = \lambda_3 \cdot (\vec{r}_1 \times \vec{r}_2) \tag{6.7}$$

Die Auflösung dieses linearen Gleichungssystems nach den Parametern λ_i erlaubt dann die Berechnung der Punkte $\vec{p}_{0i}$

$$\vec{p}_{0i} = \vec{p}_i + \lambda_i \cdot \vec{r}_i, (i = 1, 2) \text{ und daraus den Neupunkt } \vec{p}_0 = \frac{1}{2} \cdot (\vec{p}_{01} + \vec{p}_{02}).$$

Als Maß für die Zielgenauigkeit kann der Betrag des Abstandsvektors angegeben werden:

$$|\vec{v}| = \lambda_3 \cdot |\vec{r}_1 \times \vec{r}_2| \tag{6.8}$$

6.3.3 Epipolarlinien

Die zu Beginn dieses Abschnitts vorgestellte günstige Anordnung verfügte über gleiche y-Achsen in den beiden Kamerakoordinatensystemen. Das hat zur Konsequenz, daß ein Objektpunkt (x_o, y_o, z_o) im Koordiatensystem des Kamerapaars zwangsläufig auf die gleiche Ordinate innerhalb des Bildes abgebildet wird. Wenn also der Objektpunkt im linken Bild auf der Position (u_{1o}, v_{1o}) beobachtet wird, so kann der zugehörige Bildpunkt im rechten Bild entlang der Geraden $v_2 = v_{1o}$ gefunden werden. Diese Gerade wird *Epipolarlinie* genannt. Durch diese Festlegung des abgebildeten Objektpunktes wird der Suchraum für die Korrespondenzpunktsuche auf eine einzige Gerade eingeschränkt. Die Epipolarlinie entspricht dem Bild aller möglichen Punkte auf dem Sehstrahl, der vom Projektionszentrum der linken Kamera ausgehend durch den Bildpunkt (u_{1o}, v_{1o}) zum Objektpunkt (x_o, y_o, z_o) führt.

Die Epipolarlinie verläuft im idealen Aufbau parallel zur u-Achse. Bei beliebiger Anordnung der beiden Kameras bleibt sie zwar als Linie wegen der projektiven Abbildung erhalten, liegt aber nicht notwendigerweise in u-Richtung.

6.3.3.1 Korrespondenz entlang einer Epipolarlinie

In den folgenden Abschnitten soll nun ein Verfahren zur Berechnung der Epipolarlinie für jeden Bildpunkt bei beliebiger Anordnung der beiden Kameras vorgestellt werden. Dabei wird die Epipolarlinie schon vor der zeitkritischen Vermessungsphase allein aus den Kalibrierungsparametern eines Stereokamerapaars bestimmt. Sie soll dann beispielsweise in Punktrichtungsform abgelegt werden und zur Steuerung von Vektorgeneratoren für die Erzeugung von Korrespondenzpunktkandidaten entlang der Epipolarlinie im zweiten Bild dienen (Abbildung 6.4).

Sinnvollerweise wird ein Streifen um die Epipolarlinie abgesucht, da wegen der Diskretisierung der Ortskoordinaten und der Einflüsse der inneren Orientierung nicht immer eine genaue Bestimmung der Sehstrahlen möglich ist. Der breitere Suchstreifen kann dann leicht durch Verschiebung der Epipolarlinie um den linken Bildpunkt erreicht werden. Er ermöglicht die Vernachlässigung der Verzeichnung durch das Objektiv und führt zu einer günstigeren Rechenzeit.

6.3.3.2 Ermittlung aus den Modellparametern

Es soll nun gezeigt werden, wie aus den bei der Kalibrierung gewonnenen Modellparametern, und zwar hier den Koeffizienten der beiden Matrizen der Direkten Linearen Transformation $\underline{H} = [h_{ij}]$ und $\underline{G} = [g_{ij}]$, für jeden Punkt des linken Bildes die Richtung der Epipolarlinie angegeben werden kann. Dabei werden die beiden Kameras zunächst auf ein gemeinsames ortsfestes Weltkoordinatensystem kalibriert. Aus den Kalibrierungsparametern wird dann über die Relativposition der beiden Kameras auf die Lage der Epipolarlinie zurückgeschlossen. Die Angabe der Epipolarlinie im Bildkoordinatensystem gilt auch für ein bewegtes Kamerapaar mit einem eingeschriebenen Bezugssystem.

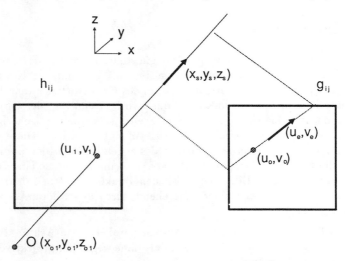

Abbildung 6.4: Bestimmung der Epipolarlinie

6.3 Verallgemeinerung der Kamerapaaranordnung

Gesucht ist also Startpunkt (u_0, v_0) und Richtungsvektor (u_e, v_e) für die Geradengleichung (6.9) der Epipolarlinie im rechten Bild (u_2, v_2) bei vorgegebenem Punkt im linken Bild (u_1, v_1).

$$(u_2, v_2) = (u_0, v_0) + \lambda \cdot (u_e, v_e) \tag{6.9}$$

Für die linke Kamera gelte die perspektivische Abbildungsgleichung der Direkten Linearen Transformation (4.25). Werden die beiden Brüche der Bestimmungsgleichungen für u_1 und v_1 so aufgelöst, daß jeweils eine lineare Gleichung in den Raumkoordinaten x, y, z entsteht, so beschreiben diese beiden Gleichungen (6.10) in der Form $a \cdot x + b \cdot y + c \cdot z + d = 0$ jeweils eine Ebene im Raum. Geometrisch lassen sich die Ebenen als Ort aller Weltpunkte interpretieren, die auf eine Linie mit konstantem u_1 bzw. konstantem v_1 abgebildet werden.

$$(u_1 \cdot h_{31} - h_{11}) \cdot x + (u_1 \cdot h_{32} - h_{12}) \cdot y + (u_1 \cdot h_{33} - h_{13}) \cdot z + u_1 \cdot h_{34} - h_{14} = 0$$
$$(v_1 \cdot h_{31} - h_{11}) \cdot x + (v_1 \cdot h_{32} - h_{12}) \cdot y + (v_1 \cdot h_{33} - h_{13}) \cdot z + v_1 \cdot h_{34} - h_{14} = 0 \tag{6.10}$$

Die Schnittgerade dieser beiden Ebenen für einen bestimmten linken Bildpunkt (u_1, v_1) ist die Beschreibung des Sehstrahls vom Projektionszentrum durch die Bildebene im gewählten Weltkoordinatensystem. Das Vektorprodukt der beiden Ebenennormalenvektoren (a_u, b_u, c_u) und (a_v, b_v, c_v) von Gleichung (6.10) führt zum Richtungsvektor (x_s, y_s, z_s) des Sehstrahls. Ein Punkt auf dem Sehstrahl ist durch das Projektionszentrum (x_{o1}, y_{o1}, z_{o1}) der linken Kamera nach Auflösung des linearen Gleichungssystems (4.29) mit den Koordinaten (x_o, y_o, z_o) gegeben.

$$(x, y, z) = (x_{o1}, y_{o1}, z_{o1}) + \tau \cdot [(a_u, b_u, c_u) \times (a_v, b_v, c_v)] \tag{6.11}$$

Die so erhaltene Geradengleichung wird nun in die Abbildungsgleichung der DLT nach Gl. (4.25) der rechten Kamera eingesetzt, d.h. der linke Sehstrahl wird durch die rechte Kamera betrachtet. Nach Ausmultiplizieren der Abbildungsgleichung für (u_2, v_2) erhält man die Form

$$\begin{aligned} \tau \cdot (u_2 \cdot A_3 - A_1) + (u_2 \cdot B_3 - B_1) &= 0 \\ \tau \cdot (v_2 \cdot A_3 - A_2) + (v_2 \cdot B_3 - B_2) &= 0 \end{aligned} \tag{6.12}$$

mit

$$\begin{aligned} A_i &= g_{i1} \cdot x_s + g_{i2} \cdot y_s + g_{i3} \cdot z_s \\ B_i &= g_{i1} \cdot x_{o1} + g_{i2} \cdot y_{o1} + g_{i3} \cdot z_{o1} + g_{i4} \, , \, (i = 1, 2, 3) \end{aligned}$$

Nach (u_2, v_2) aufgelöst ergibt sich mit der Substitution

$$\lambda = \frac{1}{\tau \cdot A_3 + B_3}$$

die gesuchte Geradengleichung (6.13):

$$(u_2, v_2) = (\frac{A_1}{A_3}, \frac{A_1}{A_3}) + \lambda \cdot (B_1 - \frac{B_3}{A_3}, B_2 - \frac{B_2}{A_3}) \qquad (6.13)$$

Die neu eingeführten Parameter B_i ($i = 1, 2, 3$) sind für die vollständige Berechnung aller Epipolarlinien konstant, da sie nur von den Koordinaten des Projektionszentrums (x_{o1}, y_{o1}, z_{o1}) und der DLT-Matrix $\underline{G}$ abhängen. Die Parameter A_i ($i = 1, 2, 3$) dagegen sind für jeden Sehstrahl, d.h. auch abhängig von (u_1, v_1), für jede Bildkoordinate neu zu berechnen.

Eine Vorabberechung für jedes (u_1, v_1) kann mit Gl. (6.13) so organisiert werden, daß in einem zweidimensionalen Feld von Richtungsvektoren und Anfangspunkten, indiziert mit der Koordinate des linken Bildes, die passende Richtung für die Korrespondenzpunktsuche abgelegt wird. Dieses sog. Epipolarlinienfeld kann nach Bereitstellung entsprechenden Speichers den Durchsatz an zu bestimmenden Raumpositionen je Zeiteinheit signifikant erhöhen.

6.4 Genauigkeitsanalyse

Die erreichbare Genauigkeit der verschiedenen Abstraktionsstufen des Kameramodells kann erst jetzt mit Hilfe stereooptischer Verfahren sinnvoll überprüft werden. Das kalibrierte Kamerapaar wird in den folgenden Experimenten dazu genutzt, die Koordinaten von mit geodätischen Mitteln sehr genau vermessenen Paßpunkten zu bestimmen. Zum einen wird dabei die Anzahl der Modellparameter der inneren Orientierung variiert, zum anderen werden verschiedene Neupunkttypen in Form markierter und markanter Punkte verglichen. Verwendung finden zwei CCD-Kameras der Fa. Sony, Typ XC-37.

6.4.1 Vergleich verschieden genauer Kameramodelle

Der Einfluß des Kameramodells wird durch eine Kalibrierung mit einer unterschiedlichen Anzahl von beschreibenden Parametern untersucht. Im idealisierten Fall wird eine Videokamera nur durch die äußere Orientierung und die Zentralperspektive beschrieben. Durch Hinzunahme weiterer Parameter der inneren Orientierung wird das Modell immer besser der realen Kamera angepaßt. Die dabei jeweils erreichten Genauigkeiten in der Punktbestimmung können durch Angabe der Restabweichung im Bild und der Abweichungen der räumlichen Kontrollpunktkoordinaten gekennzeichnet werden.

Die Restabweichung im Bild beschreibt die Abweichung zwischen dem beobachteten Ort eines bekannten Raumpunktes im Bild und dem durch Projektion mit dem Kameramodell errechneten Bildpunkt. Zur besseren Beurteilung wird die Restabweichung als Vektor ausgehend vom Bild des Raumpunktes in ein Bildkoordinatensystem mit vergrößertem Maßstab eingetragen. Zum Vergleich sind die vom Stereokamerapaar ermittelten Raumkoordinaten den durch Vermessung bekannten räumlichen Kontrollpunktkoordinaten gegenübergestellt. Dadurch ist eine Genauigkeitsaussage auch im Weltkoordinatensystem möglich. Gegenübergestellt werden nun im folgenden

- ein idealisiertes zentralperspektivisches Kameramodell,
- ein Modell mit verzeichnungsfrei angenommener Linse und
- das in dieser Arbeit vorgestellte vollständige Modell.

Die Abbildungen 6.5 bis 6.7 zeigen bei einer 200-fachen Vergrößerung die Restabweichungen im Bild, während die Tabellen 6.1 bis 6.3 die vergleichbaren Abweichungen der Kontrollkoordinaten im Raum (dx, dy, dz) und die mittleren quadratischen Fehler $\bar{e}_q$ der drei Modellansätze gegenüberstellen. Es wird deutlich, daß das vollständige Modell etwa um eine Zehnerpotenz genauer ist als das bisher verwendete idealisierte Modell und daß der Einfluß der Verzeichnung wesentlich zum Fehler beigetragen hat.

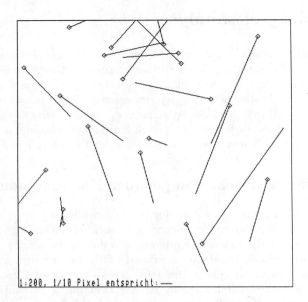

Abbildung 6.5: Restabweichungen des idealisierten Modells

Nr.	dx / m	dy / m	dz / m	$\bar{e}_q$ / m
2	-7.604384e-05	1.207915e-03	9.367297e-04	8.836106e-04
4	-1.197699e-03	-2.700826e-04	-3.626392e-03	2.210441e-03
9	5.013325e-05	7.586847e-04	-2.431392e-03	1.470803e-03
12	-3.057587e-04	9.138657e-04	1.363136e-03	9.638080e-04
14	6.107662e-04	-1.352466e-03	-2.909009e-03	1.885430e-03
16	3.074937e-04	4.025071e-04	1.755249e-03	1.054746e-03
26	3.268943e-05	1.313283e-04	-2.706765e-04	1.747202e-04
27	7.568330e-05	2.499746e-04	4.770143e-04	3.139840e-04
30	2.725617e-04	-4.246395e-04	-1.019319e-03	6.566632e-04
35	-1.259456e-04	-9.356964e-05	1.175181e-03	6.845111e-04
36	5.064635e-04	-2.667862e-04	1.208261e-03	7.719185e-04
37	-4.545527e-04	-5.444592e-04	-7.385152e-04	5.911736e-04
38	4.154767e-04	-8.790462e-04	-1.121679e-03	8.570309e-04
39	-6.124297e-04	-9.491417e-04	-3.047686e-03	1.876551e-03

Tabelle 6.1: Kontrollpunkte im idealisierten Modell

6.4 Genauigkeitsanalyse

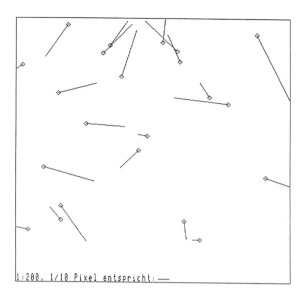

Abbildung 6.6: Restabweichungen des verzeichnungsfreien Modells

Nr.	dx / m	dy / m	dz / m	$\bar{e}_q$ / m
2	2.973029e-04	3.303898e-04	2.903087e-03	1.695628e-03
4	-1.549862e-04	1.621906e-04	6.708530e-04	4.083998e-04
9	2.469786e-04	-1.590280e-04	-1.630509e-03	9.565296e-04
12	4.199121e-04	1.646682e-04	1.838356e-04	2.812100e-04
14	-2.004807e-04	-6.652559e-06	-6.478247e-05	1.217012e-04
16	-5.188115e-04	2.419631e-04	1.936686e-03	1.165971e-03
26	-8.222924e-05	1.195532e-05	-4.632026e-04	2.716991e-04
27	2.044775e-04	1.155561e-04	6.613896e-05	1.408766e-04
30	-1.622632e-05	3.762125e-05	1.521973e-04	9.099941e-05
35	1.047612e-04	-9.669020e-05	6.378570e-04	3.773528e-04
36	1.381936e-04	-1.439986e-04	4.138068e-04	2.652478e-04
37	-4.025322e-05	-2.061177e-04	1.973470e-04	1.663838e-04
38	1.176016e-04	-2.245864e-04	-1.322625e-04	1.650884e-04
39	-1.558064e-05	-1.600717e-04	-3.240722e-04	2.088768e-04

Tabelle 6.2: Kontrollpunkte im verzeichnungsfreien Modell

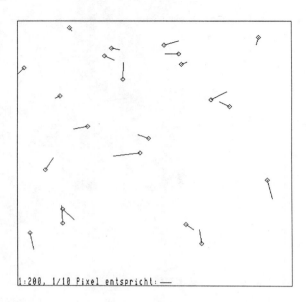

Abbildung 6.7: Restabweichungen des vollständigen Modells

Nr.	dx / m	dy / m	dz / m	$\bar{e}_q$ / m
2	-8.133026e-05	-1.711789e-05	-1.073104e-04	7.836488e-05
4	-5.359688e-05	1.939185e-04	2.414212e-04	1.814398e-04
9	-1.439625e-04	3.134742e-05	2.107537e-04	1.484643e-04
12	8.677371e-06	-8.247344e-05	5.165212e-04	3.020327e-04
14	-1.844544e-05	-3.546343e-05	-2.386999e-04	1.397325e-04
16	-1.363389e-04	1.216264e-04	1.707104e-04	1.443645e-04
26	1.609867e-05	1.365441e-05	-9.654087e-05	5.705480e-05
27	4.709144e-05	7.225267e-05	-1.206871e-05	5.027824e-05
30	3.098939e-05	-1.158824e-04	1.430369e-04	1.077785e-04
35	1.315067e-04	-5.172137e-05	8.482209e-05	9.515585e-05
36	1.350631e-04	5.739802e-06	1.424427e-04	8.267461e-05
37	5.779849e-05	-1.911628e-05	1.414657e-05	3.608426e-05
38	5.125096e-05	5.937306e-05	-2.397127e-04	1.495747e-04
39	9.176712e-05	3.513351e-05	-2.397112e-04	1.495747e-04

Tabelle 6.3: Kontrollpunkte im vollständigen Modell

6.4.2 Anwendung auf markierte und markante Punkte

Die Genauigkeitsanalyse mit Hilfe der Kontrollpunkte auf dem Paßpunktgestell war geeignet, die obere Grenze der Lokalisierungsfähigkeiten von Videokameras festzulegen. Die dazu ausgewählte Gestalt der Raumpunkte in Form von eingeschalteten Leuchtdioden ermöglichte eine Bildkoordinatenbestimmung mit einer Genauigkeit von besser als einem Zehntel des Bildpunktabstands. Dadurch konnte von einer Kamera mit einer um den Faktor 100 größeren Anzahl unterscheidbarer Bildpunktkoordinaten ausgegangen werden. Der Einfluß dieser speziell markierten Punkte auf die Ortsbestimmung von Bildpunkten erlaubt erst die oben skizzierte Genauigkeit.

Entsprechende Abstriche müssen in Kauf genommen werden, wenn die in Abschnitt 3.5 diskutierten markanten Punkte lokalisiert werden sollen. In der Regel wird es nur möglich sein, die Bildpunktkoordinate des markanten Punktes in einer Genauigkeit von 0.5 bis 2 Bildpunktabständen anzugeben. Mit einer Kamera, die zwar mit dem vollständigen Modell kalibriert wurde, können solche Punkte, die durch einen automatischen Punktefinder (Mediandifferenzoperator) ausgewählt und deren jeweiligen Korrespondenzpunkte durch einen SSD-Algorithmus bestimmt werden, jedoch nur mit verminderter räumlicher Auflösung vermessen werden.

In der in Abbildung 6.8 dargestellten Polyederszene (linkes und rechtes Kamerabild) wurden die im linken Bild markierten Punkte manuell vorgegeben und deren Korrespondenzpunkt im rechten Bild durch den SSD-Koeffizienten K_n nach Gl. (6.5) berechnet. Mit Hilfe des räumlichen Vorwärtsschnitts wurden die Raumpunktkoordinaten unter Verwendung des vollständigen Kameramodells bestimmt. Die Genauigkeit kann wegen der Vorgabe quaderförmiger Objekte und durch Vorgabe eines Rasters auf der Grundfläche in Schritten von 0.1mm abgeschätzt werden. Die Tabelle 6.4 enthält eine Gegenüberstellung der gemessenen und der erwarteten Raumpunktkoordinaten. Im Vergleich zu den manuell vorgegebenen Punkten sind im rechten Bild die durch den Mediandifferenzoperator vorgeschlagenen Punkte markiert worden. Ihre Raumpunktkoordinaten und Abweichungen sind in Tabelle 6.5 angegeben.

Abbildung 6.8: Polyederszene für die Vermessung markanter Punkte

Nr.	Bildkoordinaten		gemessene Koordinaten			Sollkoordinaten			Fehler
	links	rechts	x/mm	y/mm	z/mm	x/mm	y/mm	z/mm	/mm
1	105/103	127/106	351.5	303.6	-0.9	350	300	0	4.0
2	180/126	191/126	352.9	253.5	-1.4	350	250	0	3.2
3	183/98	188/98	353.3	252.8	17.2	350	250	20	5.1
4	393/127	286/121	252.2	100.1	96.6	250	100	100	4.2
5	360/303	301/304	251.0	100.9	-2.0	250	100	0	2.4
6	108/224	23/231	180.6	202.9	47.2	180	200	50	4.1
7	304/385	205/389	179.0	100.4	0.0	180	100	0	1.1
8	355/273	222/276	200.5	100.5	48.4	200	100	50	1.7
9	131/203	52/209	198.7	201.3	49.2	200	200	50	4.0

Tabelle 6.4: Kontrollpunktkoordinaten manuell ausgewählter Punkte

6.4 Genauigkeitsanalyse

Nr.	Bildkoordinaten		gemessene Koordinaten			Sollkoordinaten			Fehler
	links	rechts	x/mm	y/mm	z/mm	x/mm	y/mm	z/mm	/mm
1	107/103	129/106	352.3	302.7	-1.1	350	300	0	3.7
2	179/126	190/126	352.6	254.0	-1.4	350	250	0	5.0
3	184/96	187/96	352.4	252.4	19.1	350	250	20	3.5
4	396/126	289/120	253.3	99.0	97.1	250	100	100	4.5
5	363/301	304/302	252.1	99.9	-1.0	250	100	0	2.3
6	110/226	25/233	180.6	201.9	46.5	180	200	50	4.0
7	301/385	202/390	178.1	101.4	-0.3	180	100	0	3.2
8	332/273	218/275	299.1	101.4	49.2	200	100	50	1.8
9	131/204	52/210	198.4	201.1	48.9	200	200	50	2.2

Tabelle 6.5: Kontrollpunktkoordinaten markanter Punkte

6.5 Realisierungsaspekte

Zum Schluß dieses Kapitels über stereooptische Verfahren soll noch auf einige Aspekte der rechentechnischen Realisierung im Hinblick auf Echtzeitfähigkeit hingewiesen werden.

In Anbetracht der Komplexität der Algorithmen kann man gegenwärtig davon ausgehen, daß es noch einigen Aufwand kosten wird, Spezialrechner zu konzipieren, die schritthaltend aus Stereobildern Tiefenkarten erstellen. Shirai ([SHIR87b]) weist hierzu zwar auf einen Prozessor der japanischen Firma Toshiba hin, der speziell zur Bestimmung der Disparität geeignet sein soll. Bis diese spezielle Hardware jedoch einsetzbar sein wird, ist die stereoskopische Vermessung von Raumpunkten nur für einzelne markante Bildpunkte sinnvoll. Mit MIMD-Prozessornetzen, kann das Auflösen einer Korrespondenz in wenigen Millisekunden mit einem Prozessor durchgeführt werden. Da in nächster Zeit in kommerziellen Systemen wohl nur wenige von diesen Prozessoren in einem Netz eingesetzt werden und in industriellen Anwendungen Antwortzeiten in der Größenordnung einer Sekunde gefordert werden, sind die Grenzen zunächst vorgezeichnet, solange nicht auch der Einsatz von größeren Prozessornetzen zur Selbstverständlichkeit wird.

Wie mehrfach bei der Behandlung des Kameramodells und der Raumkoordinaten angemerkt, ist der Einsatz von Lookup-Tabellen ein für den Bau von echtzeitfähigen Komponenten wichtiges Detail. Das erfordert in jedem Falle die großzügige Dimensionierung des lokalen Speichers für jeden Prozessor im oben angesprochenen MIMD-Rechnernetz. Je Bildpunkt sind je nach Komplexität des verwendeten Modells zwischen 4 und 16 Byte erforderlich, um die Ergebnisse der Transformation bereits vor den echtzeitfähigen Phasen abzuspeichern. Neben der Anzahl der verwendeten Prozessoren ist somit die Größe des Speichers eine wichtige Randbedingung für die Festlegung der Anzahl lokalisierbarer Punkte je Zeiteinheit.

Die stereoskopischen Vermessungen haben von der Verwendung des Kameramodells sehr profitiert. Insbesondere für markierte Punkte, deren Bild genügend genau modelliert werden kann, läßt sich jetzt mit kalibrierten Kameras eine Genauigkeit erreichen, die den Einsatz auch für viele Industrievermessungsaufgaben gerechtfertigt erscheinen läßt. Die zur Zeit in diesem Bereich eingesetzen manuellen Prinzipien mit Hilfe von Theodoliten eignen sich nur für wenige ruhende Punkte. Die aufwendigen lasertechnischen Verfahren erlauben zwar eine hochgenaue Vermessung bei aber immer noch zu niedriger erlaubter Punktgeschwindigkeit. Die vorgestellten Verfahren ermöglichen nun unter Berücksichtigung der genannten rechentechnischen Realisierung eine gleichzeitige Vermessung vieler Punkte bei mittleren Genauigkeiten.

7. Zusammenfassung

In der vorliegenden Arbeit werden Verfahren vorgestellt, mit denen räumliche Informationen aus Videobildern durch Ausnutzen photogrammetrischer Prinzipien gewonnen werden können. Sie sind Bestandteil eines in der Handhabung eingesetzten Vision-Systems zur Erfassung von industriellen Szenen und leisten die für die räumliche Lokalisierung notwendigen Vermessungen.

Zur Erzielung einer größtmöglichen Genauigkeit der räumlichen Vermessung wird die Kameraaufnahme durch die perspektivische Transformation unter Berücksichtigung einer nichtidealen Anordnung von Bildebene und optischer Achse sowie einer rotationssymmetrisch angenommenen Verzeichnung der Optik modelliert. Die einzelnen Modellparameter werden dabei durch eine rechnergestützte Kalibrierung mit Hilfe eines geodätisch vermessenen Kalibrierungskörpers ermittelt.

Bei monokularen Aufnahmen gelingt mit diesem Ansatz trotz der durch die Projektion auf die Bildebene bedingten Mehrdeutigkeit eine räumliche Vermessung in einigen für die Handhabung wichtigen Fällen. So ist es mit kalibrierter Kamera möglich, nicht senkrecht betrachtete dünne Werkstücke (z.B. Stanzteile) auf einer ebenen Arbeitsfläche durch eine Entzerrung in eine orthogonale Projektion zu überführen und damit wieder für einfache Identifikationsverfahren zugänglich zu machen. Sind dabei Paßpunkte in der Arbeitsfläche durch Markierungen den entsprechenden Bildpunkten zuzuordnen, kann auf die zur Arbeitsfläche relative Position und Orientierung der Kamera zurückgeschlossen werden. Kreisförmige Konturen erlauben eine geometrisch-analytische Behandlung und lassen sich in ihrer Orientierung auch ohne Paßpunkte und in ihrer Position durch Angabe des Kreisdurchmessers bestimmen.

Die Verwendung einer zweiten Kamera löst das Problem der Mehrdeutigkeiten für Punkte, die in beiden Bildebenen beobachtet und einander zugeordnet werden können. Unter Einbeziehung des abgeleiteten Kameramodells wird für eine in weiten Grenzen variierbare relative Anordnung eines Stereokamerapaars der in der Geodäsie eingesetzte räumliche Vorwärtsschnitt benutzt, um Raumpositionen einschließlich eines Fehlermaßes zu bestimmen. Für eine effiziente Realisierung der Korrespondenzpunktsuche wird schließlich das aus den Kalibrierungsparametern bestimmbare Epipolarlinienfeld vorgestellt.

Mit den beschriebenen Verfahren steht ein umfangreiches Instrumentarium zur Messung räumlicher Informationen aus Videobildern zur Verfügung. Die Nutzbarmachung photogrammetrischer Prinzipien erlaubt eine erheblich genauere Vermessung der Szene gegenüber den bisher benutzten einfacheren Kameramodellen. Die Arbeit stellt damit einerseits einen wichtigen Beitrag für die sensorgestützte Bewegungssteuerung von Handhabungssystemen dar, die jetzt mit Hilfe des Vision-Systems eine genaue Lokalisierung von Werkstückdetails vornehmen kann, andererseits erreicht die Genauigkeit bei markierten Objektpunkten mit bekannter Abbildung die Größenordnung bisher verwendeter Vermessungsverfahren. Damit eröffnet das vorgestellte Verfahren bei allerdings höherer Anzahl gleichzeitig beobachteter Punkte und höherer Meßfrequenz neue Anwendungsgebiete in der Vermessungstechnik.

A. Anhang

A.1 Verwendete Symbole und Abkürzungen

A.1.1 Koordinatensysteme

i, j: Indizes in der digitalisierten Bildebene

u, v: Koordinaten in der Bildebene

x, y, z: Kartesische Koordinaten des Raumes

X, Y, Z, W: homogene Darstellung der kartesischen Koordinaten

α, β, γ: Drehwinkel um die kartesischen Achsen

φ, ϑ, ψ: Drehwinkel in Kugelkoordinaten

φ, ω, κ: Drehwinkel für Primär-, Sekundär- und Tertiärdrehung

A.1.2 Bildaufnahme und Extraktion von Bildelementen

d: Wirksamer Blendendurchmesser

f: Brennweite

k: Blendenzahl, $k = \frac{d}{f}$

k_{min}: Lichtstärke, minimale Blendenzahl

a_1, a_2: scharfer Entfernungsbereich, Schärfentiefe

u: maximale Unschärfe auf der lichtempfindlichen Fläche

ν: Frequenz

ν_g: Grenzfrequenz

$MTF(\nu)$: Modulationsübertragungsfunktion

$g(i, j)$: Grauwert im digitalisierten Graubild an der Stelle i, j (digitale Grauwertfunktion)

α: Gradientenrichtung

φ: Kantenrichtung

$\nabla^2 g(i,j)$: diskreter Laplace-Operator über $g(i,j)$

$G \star g(i,j)$: diskreter Gauß-Operator über $g(i,j)$

ρ: radialer Abstand zwischen dem Mittenbildpunkt eines Operators und einem Nachbarbildpunkt

w_G: Einflußbereich des Gauß-Operators, Abstand zwischen den Nulldurchgängen

N: kreisförmiger negativer Bereich des Gauß-Operators mit $-\frac{w}{2} \leq \rho \leq \frac{w}{2}$

P: ringförmiger Randbereich des Gauß-Operators mit $|\rho| > \frac{w}{2}$

σ: Standardabweichung des Gauß-Operators

n_A: Maschenweite des Abtastrasters für die modifzierte Startpunktsuche

r: Hough-Transformation: Abstand der Geraden zu einem Bezugspunkt

φ: Hough-Transformation: Winkel zwischen dem Abstandsvektor und der x-Achse, Hessesche Geradenrichtung

$\Delta\varphi$: Quantisierung der Hesseschen Geradenrichtung φ

i_m, j_m: Bilddimension, Bildgröße $\hat{=} i_m \cdot j_m$ Bildpunkte

r_m: maximal zu erwartender Abstand im Bild (Bilddiagonale)

$H(\overline{r}, \overline{\varphi})$: Hough-Akkumulatorfeld mit den Indizes $\overline{r}, \overline{\varphi}$

$\lceil r \rceil$: die zur reellen Zahl r nächstgrößere ganze Zahl

$\overline{r}$: Houghraumindex $0, 1, \ldots \lceil r_m \rceil$

$\overline{\varphi}$: Houghraumindex $\lceil -\frac{\varphi_m}{2} \rceil \ldots -1, 0, 1 \ldots \lceil \varphi_m \rceil$

φ_m: Maß für die Winkeldimension des Hough-Raums

$\overline{r}_k, \overline{\varphi}_k$: Index eines betrachteten Hough-Akkumulators

φ_c: Mittenwert eines Konturpunkteintrags in $H(\overline{r}, \overline{\varphi})$

$p_k(i,j)$: Wahrscheinlichkeit für die Konturzugehörigkeit eines Bildpunktes

p_h: Schwellwert für $p_k(i,j)$

A.1 Verwendete Symbole und Abkürzungen

K: Kontur als geordnete Liste von Punktkoordinaten

A_m: Konturabschnitt zwischen (i_k, j_k) und (i_{k+l}, j_{k+l})

l, l': Länge eines Konturabschnitts

G_m: Gerade zwischen Anfangs- und Endpunkt eines Konturabschnitts A_m

d: Abstand der Konturpunkte (i_h, j_h) $h = (k+1) \ldots (k+l-1)$ von G_m

d_c: Schwelle für d

a_m, b_m, c_m: Kennwerte des Abschnitts A_m

δ: Schnittwinkel von G_m und G_{m+1}

δ_c: Schwelle für δ

A_j, B, C_j, D: Parameter eines Kegelschnitts in der Bildebene ($j = 1, 2$)

u_0, v_0: Mittelpunkt einer Ellipse

α: Drehwinkel zur Hauptachsenlage der Ellipse

h_1, h_2: Halbachsen der Ellipse

D, E, g_1, g_2: Abkürzungen bei der Darstellung von Ellipsenkennwerten

$\mu_{11}, \mu_{02}, \mu_{20}$: auf den Schwerpunkt bezogene Momente zweiten Grades

ν_{02}, ν_{20}: Momente zweiten Grades in Hauptachsenlage ($\nu_{11} = 0$)

w, w_1, w_2: Fensterbreiten des Mediandifferenzoperators (MDO)

s_M: Größe einer vom MDO zu unterdrückenden Störung

n_M: maximal zulässige Verschiebung einer Ecke für den MDO

f_M: durch den MDO abgeschälte Fläche

A.1.3 Photogrammetrisches Modell für Videokameras

$\underline{T}$: homogene Translationsmatrix

$\underline{R}$: homogene Drehmatrix

$\underline{R}_\alpha, \underline{R}_\beta, \underline{R}_\gamma$: homogene Drehmatrizen für die Drehung um eine der kartesischen Achsen

S_x, S_y, S_z: Skalierungsparameter in den kartesischen Achsen

s_i: Scherungsparameter ($i = 1 \ldots 6$)

$\underline{S}$: homogene Skalierungs- und Scherungsmatrix

$\underline{H}$: homogene Gesamtmatrix mit den Elementen h_{ij}

$\underline{P}_{par}$: homogene Matrix der Parallelprojektion

$\underline{P}_{per}$: homogene Matrix der perspektivischen Projektion

c: Kammerkonstante der perspektivischen Projektion

(x_r, y_r, z_r): Richtungsvektor einer Raumgeraden

(u_f, v_f): Fluchtpunkt der Raumgeraden in der Bildebene

λ: Geradenparameter der Punktrichtungsform

η: Doppelverhältnis von vier kollinearen Punkten

P_i: Raumpunkte (x_i, y_i, z_i)

(u_h, v_h): Verschiebungsvektor des Bildhauptpunktes

$\underline{T}_h$: homogene Translationsmatrix zu (u_h, v_h)

$\underline{P}_c$: homogene Matrix der perspektivischen Projektion

(x_0, y_0, z_0): Koordinaten des Projektionszentrums

$\underline{T}_o$: homogene Translationsmatrix zu (x_0, y_0, z_0)

$\underline{R}_\varphi, \underline{R}_\vartheta, \underline{R}_\psi$: homogene Rotationsmatrizen für die Drehungen um die Kugelkoordinatenwinkel φ, ϑ, ψ

$\underline{H}_i$: homogene Matrix mit den idealisierten Einflüssen der inneren Orientierung

$\underline{H}_a$: homogene Matrix mit den Einflüssen der äußeren Orientierung

$\tilde{r}_w$: homogene Weltkoordinaten, z.B. $(x, y, z, 1)$

$\tilde{r}_k$: homogene Kamerakoordinaten, z.B. $(x_k, y_k, z_k, 1)$

$\tilde{r}_c$: homogene Koordinaten in der Chipebene, z.B. $(u, v, 0, 1)$

α, β: Verkippungswinkel der Bildebene

$\underline{R}_\alpha, \underline{R}_\beta$: homogene Drehmatrix für die Verkippung

$\underline{C}$: homogene Matrix für die Transformation zwischen perspektivischer Abbildungsebene und Chipebene

$\Delta\rho$: radialer Positionsfehler durch die Verzeichnung

A.1 Verwendete Symbole und Abkürzungen

$V(\rho_a)$: radiales Verzeichnungspolynom zwischen Abbildungs- und Verzeichnungsebene

k_0, k_1, k_2: Parameter von V

$\tilde{r}_v$: homogene Koordinaten in der Verzeichnungsebene, z.B. $(u_v, v_v, 0, 1)$

$\tilde{r}_a$: homogene Koordinaten im linsenkorrigierten System der Abbildungsebene

$\underline{L}$: homogene Skalierungsmatrix für den idealisierten Einfluß der Linsenverzeichnung

$\underline{O}$: Zusammengefaßte homogene Matrix für die idealisierten, optischen Einflüsse (Linsenverzeichnung und perspektivische Abbildung)

$\tilde{r}_b$: homogene Koordinaten in der digitalisierten Bildebene z.B. $(i, j, 0, 1)$

$\underline{S}$: homogene Matrix für die Skalierung der metrischen Koordinaten in der Chipebene auf die Indizes der digitalisierten Bildpunkte

S_x, S_y: Skalierungsfaktoren von $\underline{S}$ in x- und y-Richtung

$\underline{H}_{DLT}$: homogene 4×3 Matrix der Direkten Linearen Transformation (DLT) mit Koeffizienten h_{ij}

E_{DLT}: Quadratische Fehlersumme zur Bestimmung der DLT-Koeffizienten

$\tilde{e}_c$: homogener Fehlervektor der DLT

$\underline{D}$: homogene Matrix aus Spaltenvektoren der homogenen Bildkoordinaten (u_i, v_i, w_i)

$\underline{W}$: homogene Matrix aus Spaltenvektoren der homogenen Weltkoordinaten $(x_i, y_i, z_i, 1)$

$\underline{B}$: normierte homogene DLT-Matrix mit $b_{34} = 1$

b_{ij}: Koeffizienten von $\underline{B}$

m_{ij}: Koeffizienten der Drehmatrix für die Winkel φ, ϑ, ψ oder φ, ω, κ

A_{ij}: Abkürzungen für die Umrechnung der DLT-Parameter in die Orientierungsparameter

$\vec{p}_h$: Parametervektor mit h Elementen ($7 \leq h \leq 16$) des Kameramodells

F_i: auf den Bildpunktindex i bezogene Funktion des Kameramodellgleichungssystems

F_j: auf den Bildpunktindex j bezogene Funktion des Kameramodellgleichungssystems

$\vec{p}_h^{(0)}$: Startvektor von $\vec{p}_h$ zur Lösung des Gleichungssystems

$\Delta \vec{p}_h$: Veränderungen in $\vec{p}_h$

$\Delta \vec{p}_h^{(0)}$: Startvektor von $\Delta \vec{p}_h$

p_x, p_y: Bildpunktgröße auf dem Chip

ν_s: Bildpunkttaktfrequenz der Kamera

ν_w: Abtastfrequenz des Analog-Digital-Wandlers

d_x, d_y: virtuelle Bildpunktgröße im Bildspeicher

s: Länge der Basislatte

γ: parallaktischer Winkel zwischen den Zielmarken

b: Basisabstand, Entfernung zwischen den Projektionszentren

ω_i: mit den Theodoliten gemessene Horizontalwinkel

ξ_i: mit den Theodoliten gemessene Zenitabstände

$\vec{u}_i$: Peilrichtungen

$\Delta \rho_{max}$: obere Schranke von $\Delta \rho$

ρ_a: Betrag des Ortsvektors in der Abbildungsebene

ρ_v: Betrag des Ortsvektors in der Verzeichnungsebene

$\rho_a^{(0)}$: Startwert für die iterative Verzeichnungsbestimmung

$\rho_a^{(i)}$: Iterationsergebnis nach dem i-ten Schritt

$V'(\rho_a)$: nach ρ_a abgeleitetes Verzeichnungspolynom

A.1.4 Monokulare Verfahren

b: Basisabstand bei Triangulationsverfahren

φ, ϑ: räumliche Abstrahlwinkel des bei der Triangulation verwendeten Punktlichts

a_i, b_i, c_j: Parameter der perspektivischen Entzerrung ($i = 0, 1, 2;\ j = 1, 2$)

P_i: Punkte (x_i, y_i, z_i) auf einer beobachteten ebenen Fläche

Q_i: Entsprechungen für P_i im Bild (u_i, v_i)

γ_i: Winkel zwischen den Sehstrahlen des Rückwärtsschnitts

A.1 Verwendete Symbole und Abkürzungen

t_i: Abstände der Paßpunkte im Bild

s_i: Abstände der Paßpunkte in der Szene

l_j: Abstände zwischen Projektionszentrum und den Paßpunkten in der Szene

j: Index für die Punkte beim Rückwärtsschnitt ($j = 1, 2, 3$)

i: Index für die Strecken zwischen Punkten $P_j, j \neq i$ beim Rückwärtsschnitt ($i = 1, 2, 3$)

l_{j0}: geschätzter mittlerer Abstand als Startwert für die iterative Bestimmung von l_j

d_{ik}: Abkürzung bei der Lösung des Gleichungssystems für den Rückwärtsschnitt

$\underline{M}$: 3 × 3 Matrix für die räumliche Drehung mit den Koeffizienten m_{ij} der räumlichen Rotationsfreiheitsgrade

k_i: Skalierungsfaktoren für die Bestimmung von $\underline{M}$

$\vec{q}_i$: Spaltenvektoren $(u_i, v_i, -c)^T$ von drei Bildpunkten

$\vec{p}_i$: Spaltenvektoren $(x_i - x_0, y_i - y_0, z_i - z_0)$

$\underline{P}$: Matrix aus drei Spaltenvektoren $\vec{p}_i$

$\underline{Q}$: Matrix aus drei Spaltenvektoren $\vec{q}_i$

E_i: Eckpunkte eines Polygons

η_i: auf den Eckpunkt E_i bezogenes Doppelverhältnis

r_i, s_i, t_i: Streckenlängen zur Berechnung von η_i

T_i, S_i: Schnittpunkte mit der Strecke (E_i, E_{i+3})

a, b, c: Parameter eines elliptischen Kegels in Hauptachsenlage

a_{ij}: Parameter eines elliptischen Kegels in beliebiger Raumlage

$\underline{A}$: Matrix aus den Parametern des elliptischen Kegels a_{ij}

$\underline{E}$: Einheitsmatrix der Dimension 3

λ_i: Eigenwerte der Matrix $\underline{A}$

$\vec{e}_i$: Einheitseigenvektoren der Matrix $\underline{A}$

k_{ij}: Koeffizienten des Kegelschnitts

$\vec{r}\,'$: Ortsvektor (x', y', z') in einem Koordinatensystem mit z'-Achse in Richtung der Hauptachse des elliptischen Kegels

$\vec{n}$: Normalenvektoren als Ergebnis des elliptischen Kegelschnitts im Kamerakoordinatensystem

$\vec{r}\,''$: Ortsvektor (x'', y'', z'') im Schnittkoordinatensystem

x_m'', y_m'': Kreismittelpunkt im Schnittkoordinatensystem

ρ_1: Radius eines bei $z'' = 1$ geschnittenen Kreises

$\underline{D}$: Drehmatrix zwischen $\vec{r}\,'$ und $\vec{r}\,''$

$\underline{B}$: Drehmatrix zwischen $\vec{r}$ und $\vec{r}\,'$

A.1.5 Stereoskopische Vermessungen

b: Abstand der x-Achsen eines Zweikamerasystems, Basis

ϑ: halber Winkel zwischen den z-Achsen der Kamerakoordinatensysteme

D_1, D_2: Abkürzungen bei der Berechnung der Triangulation

c_1, c_2: Kammerkonstanten der beiden Kameras

K_k: normierter Kreuzkorrelationskoeffizient

g_1, g_2: Grauwerte des linken bzw. rechten Bildes

μ_1, μ_2: Mittelwerte über die Stichproben im linken bzw. rechten Bild

Σ_N: Abkürzung für eine Summe über alle N Stichproben

K_s: nach dem SSD-Algorithmus berechneter Koeffizient

K_n: normierter SSD-Koeffizient

d: Betrag der Disparität

e: Vorgabe einer Mindestentfernung zur Begrenzung der Disparität (als Maß in der Bildebene)

$\underline{R_1}, \underline{R_2}$: Drehmatrizen zur Anpassung von Vektoren in den beiden Koordinatensystemen des Stereokamerapaars

$\vec{v}$: kürzestmöglicher Abstandsvektor zwischen zwei Raumrichtungen

λ_i: Parameter der Vektorgleichung für den räumlichen Vorwärtsschnitt ($i = 1, 2, 3$)

A.1 Verwendete Symbole und Abkürzungen

$\vec{p}_{01}, \vec{p}_{02}$: Punkt auf dem linken bzw. rechten Sehstrahl, der dem Raumpunkt $\vec{p}_0$ am nächsten liegt

$\vec{p}_1, \vec{p}_2$: Projektionszentrum der linken bzw. rechten Kamera

$\vec{p}_0$: gesuchter Raumpunkt nach Messung (Neupunkt)

(x_w, y_w, z_w): Weltpunkt im Koordinatensystem des Kamerapaars

$\underline{H}, \underline{G}$: homogene Matrizen der DLT, $\underline{H} = [h_{ij}]$ und $\underline{G} = [g_{ij}]$

(u_0, v_0): Startpunkt der Epipolarlinie

(u_e, v_e): Richtungsvektor der Epipolarlinie

(u_1, v_1): Koordinate im linken Bild

(u_2, v_2): Koordinate im rechten Bild

λ: Parameter der Geradengleichung einer Epipolarlinie

a, b, c, d: Ebenenparameter im Raum

(x_s, y_s, z_s): Richtungsvektor des Sehstrahls

(a_u, b_u, c_u): Ebenennormalenvektor aller Epipolarlinien, die aus Sehstrahlen mit konstantem u entstanden sind

(a_v, b_v, c_v): Ebenennormalenvektor aller Epipolarlinien, die aus Sehstrahlen mit konstanten v entstanden sind

(x_s, y_s, z_s): Sehstrahlenvektor

(x_{o1}, y_{o1}, z_{o1}): Projektionszentrum der linken Kamera

τ: Geradengleichungsparameter eines Sehstrahls im Raum

A_i, B_i: Abkürzungen bei der Bestimmung der Epipolarlinie (i=1,2,3)

A.2 Hinweise zur Ausgleichsrechnung

Die *Ausgleichsrechnung* hat Einfluß auf die Erhöhung der Genauigkeit der in dieser Arbeit vorgestellten Verfahren und soll hier in ihrer Anwendung auf lineare und nichtlineare Gleichungssysteme kurz erläutert werden. Sie wird dann eingesetzt, wenn bei Vorliegen vieler Beobachtungen gerade der Lösungsvektor gesucht wird, der einen minimalen Fehler in seinen Elementen besitzt. Es können dann die statistisch gleichverteilten Fehler der einzelnen Beobachtungen ausgeglichen werden.

Fehleruntersuchungen zur photogrammetrischen Lösung des Kameramodells, wie sie etwa von Krauß für hochgenaue Meßkammern angestellt wurden ([KRAU83]), zeigen, daß die Ergebnisse der Direkten Linearen Transformation nur als Näherungswerte interpretiert werden können und durch mehrfache Beobachtung ausgeglichen werden sollten. Ein gleichverteilter Fehler ergibt sich immer bei der Zuordnung einer reellwertigen Bildkoordinate (u, v) zu einem diskreten Bildpunktindex (i, j). Eine ausgleichende Rechnung mit Hilfe mehrerer Beobachtungen vermag diesen gleichverteilten Fehler zu vermindern.

In den einschlägigen Lehrbüchern zur Fehler- und Ausgleichsrechnung (z.B. [HARD68], [LUDW69] oder [REIS76]) werden Verfahren behandelt, die jeweils den mittleren quadratischen Fehler minimieren ("Methode der kleinsten Quadrate" nach Gauß). Es wird dabei zwischen einer linearen und einer nichtlinearen Abhängigkeit der gesuchten Größen von den sog. vermittelnden beobachteten Meßwerten unterschieden. Im Falle von n linearen Gleichungen mit m Unbekannten ($m < n$) läßt sich zeigen, daß der quadratische Fehler minimal wird, wenn statt einer Auswahl von k Gleichungen das gesamte Gleichungssystem wie folgt gelöst wird:

Sei
$$a_{i1} \cdot x_1 + a_{i2} \cdot x_2 + \cdots + a_{im} \cdot x_m - y_i = r_i \text{ mit } i = 1, 2 \ldots n$$

ein überbestimmtes homogenes Gleichungssystem mit einem Fehlervektor $\vec{r}$. In Matrixschreibweise schreibt man

$$\underline{A} \cdot \vec{x} - \vec{y} = \vec{r}. \tag{A.1}$$

Dann ist $\underline{A}$ eine $n \times m$ Matrix, $\vec{x}$ ein Vektor mit m, $\vec{y}$ und $\vec{r}$ mit jeweils n Elementen. Daraus läßt sich ein Normalgleichungssystem aufstellen, das den quadratischen Fehler $e^2 = \vec{r} \cdot \vec{r}^T$ zu Null minimiert und die Form hat ([REIS76]):

$$\underline{A}^T \cdot \underline{A} \cdot \vec{x} = \underline{A}^T \cdot \vec{y} \tag{A.2}$$

Die $m \times m$ Matrix $\underline{A}^T \cdot \underline{A}$ ist nun symmetrisch und erlaubt den gewohnten Lösungsweg für lineare Gleichungssysteme. Die ausgleichenden Beobachtungen werden über den m-dimensionalen Vektor $\underline{A}^T \cdot \vec{y}$ eingebracht.

Während Gl. (5.9) als lineares Gleichungssystem die Anwendung dieses Prinzips ermöglicht, kann bei nichtlinearen Zusammenhängen wie beispielsweise Gl. (4.24) eine

A.2 Hinweise zur Ausgleichsrechnung

solche Ausgleichung im linearisierten Iterationsgleichungssystem der Taylor-Approximation angewandt werden.

Sei $f(\vec{x})$ eine nichtlineare Funktion des gesuchten Vektors $\vec{x}$. Dann läßt sich das Gleichungssystem mit den Beobachtungen $\vec{y}$ und dem Fehlervektor $\vec{r}$ schreiben als

$$f(\vec{x}) - \vec{y} = \vec{r}.$$

Die i-te Gleichung ($i = 1 \ldots n$) wird dann nach Abbruch einer Taylorreihe beim linearen Glied um den Punkt $\vec{x}_0 = (x_{01} \ldots x_{0m})$ zu

$$f_i(\vec{x}_0) + \sum_{j=1}^{m} \frac{\partial f_i(\vec{x}_o)}{\partial x_j} \cdot (x_j - x_{0j}) - y_i = v_i$$

Das neu eingeführte Restglied v_i heißt Verbesserung und enthält nun sowohl den Fehleranteil r_i als auch das Residuum der Taylorreihe. Die sog. Verbesserungsgleichung benötigt die Jakobimatrix $\underline{D}_f$ zur Funktion f mit den nach i und j indizierten Elementen

$$D_{f(ij)} = \frac{\partial f_i(\vec{x})}{\partial x_j}.$$

Sie kann dann an der Stelle $\vec{x} = \vec{x}_0$ als lineares Gleichungssystem in $\Delta \vec{x} = \vec{x} - \vec{x}_0$ geschrieben werden als :

$$\underline{D}_f(\vec{x}_0) \cdot \Delta \vec{x} - (f(\vec{x}_0) - \vec{y}) = \vec{v} \qquad (A.3)$$

Dieser Ansatz entspricht wieder dem bereits skizzierten Newton-Raphson-Verfahren zur Lösung nichtlinearer Gleichungssysteme und führt zu einer Ausgleichung in jedem Iterationsschritt.

A.3 Vermessungsprotokolle

A.3.1 Richtungswinkel der verwendeten Paßpunkte

Messungen mit zwei Sekundentheodoliten Fa. Wild Typ T2, gemittelt aus drei Einzelmessungen in je zwei Lagen, Einheit: gon (100 gon $\widehat{=} \frac{\pi}{2}$)

	Theodolit 1 (links)		Theodolit 2 (rechts)	
Nr.	Zenit	Horizont	Zenit	Horizont
1	107.7022	51.0767	107.4872	-51.4127
2	108.9454	51.9423	108.9695	-50.5738
3	110.5263	52.3789	110.7343	-50.1478
4	105.2324	50.5249	104.9415	-51.9066
5	107.6352	52.2517	107.7094	-50.2429
6	108.8546	53.0853	109.2217	-49.3693
7	105.0082	51.1753	104.8237	-51.2880
8	105.0335	52.1892	105.0145	-50.2746
9	106.3170	53.2767	106.5764	-49.1249
10	107.6134	53.8357	108.1154	-48.5128
11	103.3027	52.1258	103.2223	-50.3167
12	105.0147	53.2620	105.1820	-49.1215
13	106.3259	53.8796	106.7255	-48.4451
14	107.4584	54.4715	108.1273	-47.7574
15	105.0377	53.9237	105.3294	-48.3771
16	106.1856	54.5158	106.7232	-47.6891
17	103.1398	53.1784	103.1686	-49.1939
18	105.1455	54.5339	105.5674	-47.6470
19	106.2750	55.3091	107.0233	-46.6970
20	103.0099	53.5384	103.0034	-50.1093
21	103.6775	53.8504	103.6391	-51.5611
22	104.2316	55.0874	104.2957	-51.7882
23	105.0550	56.1327	105.1677	-52.9111
24	105.0557	57.3378	105.1689	-54.2007
25	106.4354	57.9399	106.6311	-54.8619
26	106.2061	58.2685	106.2570	-56.2988
27	107.2858	57.8568	107.3053	-56.3928
28	106.3301	56.3928	106.3129	-54.9576
29	107.1041	55.4460	107.0282	-54.6166
30	106.2548	54.9812	106.1345	-54.4214
31	107.0402	54.2514	106.8681	-54.1770
32	106.1761	52.1834	105.7882	-54.2049
33	106.8218	50.7586	106.4080	-52.9363
34	106.5757	58.7468	106.8078	-55.5294
35	107.7374	57.0950	107.9526	-54.3645
36	107.1133	56.9246	107.4902	-52.6992
37	108.1459	55.7331	108.4840	-52.1940
38	107.5645	55.6085	108.0656	-50.5297
39	108.4589	54.6203	108.8939	-50.4187

A.3.2 Paßpunktkoordinaten

Koordinaten (x, y, z) und Abweichungen der Zielstrahlen (v_x, v_y, v_z), Angaben in mm. Berechnet aus mit Theodoliten gemessenen Richtungswinkeln unter Verwendung des räumlichen Vorwärtsschnitts nach Waldhäusl ([WALD79]).

Nr.	X/mm	Y/mm	Z/mm	v_x/mm	v_y/mm	v_z/mm
1	0.000	0.000	0.000	-0.006207	-0.006994	0.001540
2	0.000	-145.000	0.000	0.014374	0.016211	-0.004253
3	-52.480	-277.439	0.211	0.021689	0.024487	-0.007688
4	87.565	187.539	0.043	0.036640	0.041214	-0.005937
5	95.006	-92.499	0.065	0.031509	0.035505	-0.007915
6	95.020	-237.570	-0.007	0.027471	0.030982	-0.008203
7	150.083	149.958	-0.000	0.003159	0.003553	-0.000493
8	230.062	67.541	-0.070	0.001981	0.002228	-0.000317
9	250.042	-100.065	-0.125	-0.006497	-0.007315	0.001356
10	224.979	-227.621	0.082	0.000386	0.000435	-0.000099
11	317.582	175.044	-0.241	0.016408	0.018434	-0.001633
12	320.170	-20.148	-0.316	0.008266	0.009299	-0.001342
13	300.065	-152.548	0.050	-0.001129	-0.001271	0.000239
14	287.454	-275.060	-0.101	0.022133	0.024941	-0.005644
15	375.057	-77.624	0.024	-0.011026	-0.012404	0.001821
16	362.507	-200.097	-0.004	0.005073	0.005711	-0.001059
17	415.042	99.892	-0.175	-0.002732	-0.003069	0.000262
18	422.470	-137.670	-0.325	0.011979	0.013478	-0.002048
19	427.422	-277.692	-0.232	0.010004	0.011265	-0.002153
20	401.277	129.824	67.305	0.003516	0.003949	-0.000323
21	322.522	135.779	157.933	0.040764	0.045813	-0.004736
22	337.435	64.183	234.672	-0.000185	-0.000208	0.000026
23	296.293	20.966	342.887	0.013526	0.015219	-0.002340
24	298.380	26.207	464.082	0.022817	0.025674	-0.004047
25	229.433	-48.612	523.110	0.018152	0.020447	-0.004234
26	200.642	12.264	603.850	0.012192	0.013731	-0.002754
27	126.333	-26.779	588.226	0.001615	0.001820	-0.000430
28	165.280	23.689	452.275	0.014161	0.015947	-0.003143
29	99.046	3.044	389.425	-0.025077	-0.028255	0.006185
30	129.357	61.147	357.640	-0.014072	-0.015846	0.003000
31	68.065	34.934	309.175	-0.016602	-0.018704	0.003964
32	23.467	165.956	210.050	-0.022887	-0.025765	0.004572
33	-22.534	129.954	69.097	-0.011984	-0.013495	0.002600
34	231.834	-60.899	592.068	-0.010526	-0.011860	0.002557
35	145.982	-110.083	457.986	-0.027175	-0.030639	0.007588
36	231.507	-139.173	372.718	-0.022368	-0.025207	0.005689
37	145.411	-174.177	286.026	-0.016711	-0.018843	0.004797
38	230.469	-206.801	199.955	0.009951	0.011216	-0.002633
39	144.652	-226.819	139.433	0.020925	0.023597	-0.006121

A.4 Kalibrierungsprotokolle

Die folgenden Protokolle werden in dieser Art von der automatischen Kalibrierungsprozedur mit Hilfe des Paßpunktgestells entsprechend Abschnitt 4.3.2 bzw. 4.3.3 erzeugt. Die maschinenlesbare Form dient der einfachen Übernahme von Kamerakenndaten in Anwendungen, die Lokalisierungsfunktionen wie die Verfahren aus den Kapiteln 5 und 6 enthalten. Die einzelnen Abschnitte des Protokolls enthalten zu Beginn ein Schlüsselwort zur Beschreibung des Parameters. Zunächst wird der Aufbau des Protokolls und die Bedeutung der Schlüsselwörter kurz aufgelistet, bevor eine beispielhafte Auswahl von Kalibrierungsprotokollen angefügt wird.

Vorgabewerte

KAMERA: lfd. Nummer, Kameratyp, Kommentar

F: Brennweite des Kameraobjektivs

DPX: Breite des virtuellen Bildpunkts in μm

DPY: Höhe des virtuellen Bildpunkts in μm

MAXCOL: Spaltenanzahl des digitalisierten Bildes

MAXROW: Zeilenanzahl des digitalisierten Bildes

KAMERAENDE: Ende der Vorgabewerte

Kalibrierungsdatenblock

DATEN: Anfang und lfd. Nummer des Datenblocks

ANZPAR: Parameteranzahl des Kameramodells
Parameter 1...6: Äußere Orientierung
Parameter 7 : Kammerkonstante
Parameter 8,9 : Bildhauptpunkt
Parameter 10,11: Verkippungswinkel
Parameter 12,13: Verzeichnungskoeffizienten

BLENDE: Eingestellte Blende des Objektivs

ROTMODELL: Reihenfolge der Drehungen bei der äußeren Orientierung, Achsen: $x \hateq 1$, $y \hateq 2$, $z \hateq 3$

DREHMODE: feste oder mitgedrehte Achsen bei den Drehungen für die äußere Orientierung

PHI: Drehung um die x-Achse (äußere Orientierung)

THETA: Drehung um die y-Achse (äußere Orientierung)

A.4 Kalibrierungsprotokolle

PSI: Drehung um die z-Achse (äußere Orientierung)

ROTMAT1: Rotationsmatrix Zeile 1

ROTMAT2: Rotationsmatrix Zeile 2

ROTMAT3: Rotationsmatrix Zeile 3

BMAT1: DLT-Matrix Zeile 1

BMAT2: DLT-Matrix Zeile 2

BMAT3: DLT-Matrix Zeile 3

T: Translationsvektor der äußeren Orientierung

C: Kammerkonstante

UBH: x-(u-)Koordinate des Bildhauptpunkts

VBH: y-(v-)Koordinate des Bildhauptpunkts

ALPHA: Verkippungswinkel der Chipebene um die x-(u-)Achse

BETA: Verkippungswinkel der Chipebene um die y-(v-)Achse

K1: Koeffizient des Verzeichnungspolynoms für ρ^3

K2: Koeffizient des Verzeichnungspolynoms für ρ^5

P: Zur Kalibrierung verwendete Bildpunkte Paßpunktnummer, i- und j-Koordinate

DATENENDE: Ende des Kalibrierungsdatenblocks

Eine Datei kann die Protokolle mehrerer Kameras, beispielsweise eines Kamerapaares, enthalten. Zu jeder Kamera können mehrere Blöcke von Kalibrierungsdaten abgelegt werden, um verschiedene Einstellungen oder Randbedingungen (z.B. verschiedene Blenden), zu berücksichtigen. Daher enthält die Datei unterschiedliche Blöcke, in denen Vorgabewerte einerseits und die bei einem Kalibrierungsgang bestimmenden und bestimmten Daten andererseits abgelegt werden.

Die folgenden Protokolle wurden ausgehend vom im Abschnitt 4.3.2 beschriebenen und A.3 zahlenmäßig definierten Paßpunktgestell erstellt. Dazu wurden alle sichtbaren Paßpunkte unter Zuhilfenahme einer Ausgleichsrechnung benutzt, um die jeweils angebene Parameteranzahl minimiert im Gesamtfehler zu bestimmen.

Bei der physikalischen Interpretation der einzelnen Parameter sind die Hinweise aus Abschnitt 4.4 zu beachten.

A.4.1 CCD-Videokamera Sony XC37/38, 7-Parameter-Modell

```
KAMERA 1 1 Sony ../04 XC-37/38 CCD   16   13.4/13.4   1.2.89
F       16.000
DPX        13.4000
DPY        13.4000
MAXCOL 512
MAXROW 485
KAMERAENDE

DATEN 1
ANZPAR 7
VERZEI 1
BLENDE  8.00
ROTMODELL 3 2 1
DREHMODE MIT
PHI   -4.584921e+00
THETA  8.590059e+00
PSI   -1.779244e+02
ROTMAT1 -9.881336e-01  -2.417093e-02   1.516833e-01
ROTMAT2  3.581234e-02  -9.965784e-01   7.449170e-02
ROTMAT3  1.493638e-01   7.903988e-02   9.856182e-01
BMAT1  -1.391620e-02  -3.360077e-04   2.195058e-03   1.835527e-03
BMAT2   3.829096e-04  -1.410835e-02   2.462616e-04  -9.917213e-04
BMAT3  -1.274667e-01  -6.745245e-02  -8.411242e-01   1.000000e+00
T         313.4713      -41.8041       1144.7330
C          16.513
UBH       -68.380
VBH       955.252
ALPHA    0.000000e+00
BETA     0.000000e+00
K1       0.000000e+00
K2       0.000000e+00
P    2      395.074       164.952
P    3      449.537        31.755
P    6      300.101        63.908
P    9      131.980       203.204
P   10      162.757        67.463
P   12       52.764       287.801
P   13       79.179       144.517
P   14       97.289        13.804
P   16       12.664        90.475
P   22       23.506       409.907
P   23       84.378       363.105
```

A.4 Kalibrierungsprotokolle   **135**

```
P  24        84.376      390.113
P  25       228.445      254.955
P  26       313.753      392.962
P  27       465.086      306.543
P  30       342.698      429.696
P  34       244.266      226.089
P  35       360.842      151.574
P  36       196.548      112.199
P  37       305.346       83.731
P  38       175.945       52.669
P  39       273.006       46.516
DATENENDE
```

A.4.2 CCD-Videokamera Sony XC37/38, 13-Parameter-Modell

```
KAMERA 2 2 Sony ../03 XC-37/38 CCD  16  13.4/13.4  1.2.89
F      16.000
DPX       13.4000
DPY       13.4000
MAXCOL 512
MAXROW 485
KAMERAENDE

DATEN 1
ANZPAR 13
VERZEI 1
BLENDE  8.00
ROTMODELL 3 2 1
DREHMODE MIT
PHI -1.681540e-01
THETA -1.247620e+01
PSI 7.522934e-01
ROTMAT1  9.763017e-01   1.376353e-02   2.159760e-01
ROTMAT2 -1.281957e-02   9.999012e-01  -5.771018e-03
ROTMAT3 -2.160341e-01   2.865533e-03   9.763816e-01
BMAT1 -1.445688e-02  -2.045269e-04  -3.322751e-03   3.354185e-03
BMAT2  1.178278e-04  -1.483230e-02   4.125890e-04  -1.242803e-03
BMAT3  1.946224e-01  -2.581522e-03  -8.796097e-01   1.000000e+00
T      -27.1924     -52.5452     1131.0055
C       16.467
UBH     135.066
VBH    -371.730
ALPHA    1.384510e+00
```

```
BETA      1.536561e-01
K1        3.106972e+02
K2        1.467211e+07
P   1        501.273        304.636
P   2        503.288        145.153
P   5        398.465        202.033
P   6        400.168         45.669
P   7        335.589        461.438
P   9        235.247        193.059
P  11        163.291        478.021
P  12        162.965        275.907
P  14        199.979         10.581
P  16        124.128         89.702
P  17         68.905        396.183
P  19         63.732         13.035
P  21        102.802        465.448
P  26         25.389        380.547
P  27        190.172        298.903
P  28        189.123        375.296
P  29        321.244        335.395
P  31        386.402        375.600
P  35        221.501        141.103
P  36        127.393        108.459
P  37        284.457         70.838
P  38        200.845         46.955
P  39        321.614         32.363
DATENENDE
```

B. Literaturverzeichnis

Die mit * gekennzeichneten Studien- und Diplomarbeiten sind Prüfungsunterlagen und deshalb nur mit Einschränkungen zugänglich.

[AGIN73] Agin, G.J.; Binford T.O.
Computer Description of Curved Objects
Proc. 3rd IJCAI, Stanford, pp. 629-640, 1973

[BALL82] Ballard, D.M.; Brown, C.M.
Computer Vision
Prentice-Hall, Inc., Englewood Cliffs, New Jersey, 1982

[BARN80] Barnard, St.; Thompson, W.
Disparity Analysis of Images
IEEE Transactions on Pattern Analysis and Machine Intelligence,
Vol. PAMI-2 No. 4, July 1980

[BARN72] Barnea, D.I.; Silverman, H.F.
A Class of Algorithms for Fast Digital Image Registration
IEEE-Transactions on Computers, Vol. C-21, No.2, pp. 179-186, 1972

[BAUL43] Baule, B.
Die Mathematik des Naturforschers und Ingenieurs
Band III: Analytische Geometrie, Verlag Hirzel, Leipzig, 1943

[BOLL84] Bolle, R.M.; Cooper, D.B.
Bayesian Recognition of Local 3-D Shape by Approximating Image Intensity Functions with Quadric Polynomials
IEEE Transactions on Pattern Analysis and Machine Intelligence,
Vol. PAMI-6, No. 4, July 1984

[BOVI87] Bovik, A.C.; Huang, T.S.; Munson, D.C.
The Effect of Median Filtering on Edge Estimation and Detection
IEEE Transactions on Pattern Analysis and Machine Intelligence,
Vol. PAMI-9 No.2, pp. 181-194, March 1987

[BOYE87] Boyer, K.L.; Kak, A.C.
Color-Encoded Structured Light for Rapid Active Ranging
IEEE Transactions on Pattern Analysis and Machine Intelligence,
Vol. PAMI-9 No.2, pp. 14-28, January 1987

[BRON76] Bronstein, I.; Semendjajew, K.
Taschenbuch der Mathematik
16. Auflage, Verlag Harri Deutsch, Zürich, Frankfurt, Thun, 1976

[BROO81] Brooks, R.A.
Symbolic Reasoning Among 3-D Models and 2-D Images
Artificial Intelligence, Vol. 17, pp. 285-348, 1981

[CARR85] Carrihill, B.; Hummel, R.
Experiments with the Intensity Ratio Depth Sensor
Computer Vision, Graphics, and Image Processing 32, pp. 337-358, 1985

[CASE87] Case, S.K.; Jalkio, J.A.; Kim, R.C.
3-D Vision System Analysis and Design
Kanade, T. (Ed.), Three-Dimensional Machine Vision, Kluwer Academic Publishers, Boston/Dordrecht/Lancaster, 1987

[CELL88] * Celler, R.
Realisierung und Untersuchung eines Verfahrens zur Kantenextraktion in Graubildern
Studienarbeit am Lehrstuhl für Allgemeine Elektrotechnik und Datenverarbeitungssysteme der RWTH Aachen, 1988

[CLOW71] Clowes, M.B.
On Seeing Things
Artificial Intelligence, Vol. 2, pp. 79-116, 1971

[DAVI83] Davis, L.; Janos, L.; Dunn, S.M.
Efficient Recovery of Shape from Texture
IEEE Transactions on Pattern Analysis and Machine Intelligence, Vol. PAMI-5, No. 5, September 1983

[DOBR76] Dobrinski, P.; Krakau, G.; Vogel, A.
Physik für Ingenieure
Teubner Verlag, 1976

[DRES81] Dreschler, L.
Ermittlung markanter Punkte auf den Bildern bewegter Objekte und Berechnung einer 3D-Beschreibung auf dieser Grundlage
Dissertation, Universität Hamburg, 1981

[DUDA72] Duda, R.O.; Hart, P.E.
Use of the Hough Transformation To Detect Lines and Curves in Pictures
Communications of the ACM, Volume 15, Number 1, p.11, January 1972

[ENCA86] Encarnacao, J.
Computer Graphics
Oldenbourg Verlag, München, 1986

[FALK72] Falk, G.
Interpretation of Imperfect Line Data as Three-Dimensional Scene
Artificial Intelligence, Vol. 3, pp. 101-144, 1972

[FAUG84] Faugeras, O.D.; Hebert, M.; Pauchon, E.; Ponce, J.
Object Representation, Identification, and Positioning from Range Data
Robotics Research, The First International Symposium, M.Brady, R. Paul (Hrsg.), 1984

[FISC85] Fischer, G.
Analytische Geometrie
Vieweg Verlag, Braunschweig, 1985

[FREI77] Frei, W.; Chen, C.C.
Fast Boundary Detection: A Generalization and a New Algorithm
IEEE-Transactions on Computers, Vol. C-26, No.10, pp. 988-998, October 1977

[FÖHR88] Föhr, R.; Schneider, K.; Ameling, W.
Ein 3D-Positionssensor auf Ultraschallbasis
Sensoren - Technologie und Anwendung, VDI/VDE-Fachtagung Bad Nauheim, VDI-Berichte 677, VDI Verlag Berlin, 1988

[FÖHR87] Föhr, R.; Ameling, W.
Anwendungen und Grenzen kommunizierender Prozesse in der industriellen Bildverarbeitung
D.Meyer-Ebrecht (Hrsg.), ASST 87, 6. Aachener Symposium für Signaltheorie, Informatik-Fachberichte 153, Springer-Verlag Berlin, 1987

[FÖHR86] Föhr, R.; Schneider, K.; Glöß, B.; Ameling, W.
Führung eines Roboterarms mit Hilfe eines mitbewegten Sensorverbunds
Steuerung und Regelung von Robotern, VDI/VDE-Fachtagung Langen, VDI-Berichte 598, VDI Verlag Düsseldorf, 1986

[FÖHR85] Föhr, R.; Schneider, K.; Kempken, E.; Ameling, W.
Implementierung eines modularen Bildverarbeitungssystems in UNIX-Umgebung
Mustererkennung 1985, 7.DAGM-Symposium Erlangen, Informatik-Fachberichte 107, Springer Verlag Berlin, 1985

[GONZ77] Gonzales, R.C.; Wintz, P.
Digital Image Processing
Addison-Wesley Publishing Company, Inc., Advanced Book Program, Reading Mass., 1977

[GOTT87] Gottwald, R.
Kern E2-SE, Ein neues Instrument für die Industrievermessung
AVN, Heft Nr.4, April 1987

[GROS75] Grossmann, W.
Vermessungskunde
de Gruyter Verlag, Berlin, 1975

[HALL79] Hall, E.L.
Computer Image Processing and Recognition
Academic Press, New York, 1979

[HARA80] Haralick, R.M.
Using Perspective Transformation in Scene Analysis
Computer, Graphics, and Image Processing Vol. 13, pp. 191-221, 1980

[HARD68] Hardtwig, E.
Fehler- und Ausgleichsrechnung
BI-Hochschultaschenbücher, 262/262a, Mannheim, 1968

[HOLL88] * Hollenberg, F.
Modellierung der Bildaufnahme mittels CCD-Kamera zur verbesserten Lokalisierung von Objekten in digitalen Graubildern
Diplomarbeit am Lehrstuhl für Allgemeine Elektrotechnik und Datenverarbeitungssysteme der RWTH Aachen, 1988

[HORN77] Horn, B.K.P.
Understanding Image Intensities
Artificial Intelligence, Vol. 8, pp. 201-231, 1977

[HOUG62] Hough, R.V.C.
Method and Means for Recognizing Complex Patterns
U.S. Patent No. 3,069,0654, 1962

[HOVE88] * Hovekamp, M.
Ein Verfahren zur Berechnung von Oberflächenelementen aus mit Hilfe von parallelen Lichtstreifen beleuchteten Szenen
Diplomarbeit am Lehrstuhl für Allgemeine Elektrotechnik und Datenverarbeitungssysteme der RWTH Aachen, 1988

[HUFF71] Huffman, D.A.
Impossible Objects as Nonsense Sentences
Machine Intelligence Vol. 66, pp. 295-323, Meltzer, B. Michie, D. (Hrsg).
Edinburgh University Press, 1971

[IKEU81] Ikeuchi, K.; Horn, B.K.P.
Numerical Shape from Shading and Occluding Boundaries
Artificial Intelligence 17, pp. 141-184, 1981

[INOK84] Inokuchi, S.; Sato, K.; Matsuda, F.
Range-Imaging System for 3-D Object Recognition
Proceedings of the 7th Int. Conference on Pattern Recognition, p. 806, Montreal 1984

[ISHI87]	Ishii, M.; Sakane, S.; Mikami, Y.; Kakikura, M. Teaching Robot Operations and Environments by Using a 3D Visual Sensor System Intelligent Autonomous Systems, Int. Conf., Dec.86, Amsterdam, pp. 283-289, North Holland 1987
[JARV83]	Jarvis,R.A. A Perspective on Range Finding Techniques for Computer Vision IEEE Transactions on Pattern Analysis and Machine Intelligence, Vol. PAMI-5, No. 2, March 1983
[JOBS85]	Jobs, G. Ein Beitrag zur Verringerung der Meßunsicherheit von optoelektronischen Längenmeßsystemen auf der Basis linearer Photoarrays Dissertation RWTH Aachen, 1985
[JORD78]	Jordan-Engeln, G.; Reutter, F. Numerische Mathematik für Ingenieure BI-Hochschultaschenbücher Band 104, Mannheim, 1978
[KANA80]	Kanade, T. A Theory of Origami World Artificial Intelligence, Vol. 13, pp. 279-311, 1980
[KANA87]	Kanatani, K.-I. Structure and Motion from Optical Flow under Perspective Projection Computer Vision, Graphics, and Image Processing Vol. 38, 1987, pp. 122-146, 1987
[KEPP75]	Keppel, E. Approximating Complex Surfaces by Triangulation of Contour Lines IBM Journal of Research and Development Band 19, p.2 ff., 1975
[KING87]	King, D.V. Next Generation Vision Engine Vision 87, Conference Proceedings, June 8-11, 1987, Detroit, North Holland, 1987
[KRAU86]	Krauss, K. Photogrammetrie, Grundlagen und Standardverfahren Dümmlers Verlag, 1986
[KRAU83]	Krauß, H. Das Bild-n-Tupel Dissertation, München, Verlag der Bayerischen Akademie der Wissenschaften, Deutsche Geodätische Kommission, Band C 276, 1983
[LEMM87]	Lemmens, M. Accurate Spatial Information in Machine Stereo Vision

Intelligent Autonomous Systems, Int. Conf., Dec.86, Amsterdam, p.355-364, North Holland 1987

[LENZ87]   Lenz, R.
Linsenfehlerkorrigierte Eichung von Halbleiterkameras mit Standardobjektiven für hochgenaue 3D-Messungen in Echtzeit
Mustererkennung 1987, 9.DAGM-Symposium Braunschweig, Proceedings, Informatik-Fachberichte, Springer Verlag 1987

[LENZ88]   Lenz, R.
Zur Genauigkeit der Videometrie mit CCD-Sensoren
Mustererkennung 1988, 10.DAGM-Symposium Zürich, Proceedings, Informatik-Fachberichte 180, Springer Verlag, 1988

[LIYO88]   Li, Y.-S.; Young, T.Y.; Magerl, J.A.
Subpixel Edge Detection and Estimation with a Microprocessor-Controlled Line Scan Camera
IEEE Transactions On Industrial Electronics, Vol. IE-35, No.1, February 1988

[LUDW69]   Ludwig, R.
Methoden der Fehler- und Ausgleichsrechnung
Vieweg-Verlag, Braunschweig, 1968

[LUNS87]   Lunscher, W.H.H.J.; Beddoes, M.P.
Fast Binary-Image Boundary Extraction
Computer Vision, Graphics, And Image Processing, Vol. 38, pp. 229-257, 1987

[MACK73]   Mackworth, A.K.
Interpreting Pictures of Polyhedral Scenes
Artificial Intelligence, Vol. 4, pp. 121-137, 1973

[MARR82]   Marr, D.
Vision
W.H.Freeman and. Co, San Francisco, 1982

[MARR80]   Marr, D.; Hildreth, E.
Theory of edge detection
Proc. R. Soc. Lond., Vol. 207, pp. 187-217, 1980

[MATT87]   Mattos, P.
Program design for concurrent systems
inmos Technical note 5, Bristol UK, Feb. 1987

[MAY87]   May, D.; Shepherd, R.
Communicating Process Computers
inmos Technical note 22, Bristol UK, 1987

B Literatur 143

[MEIS87] * Meisel, A.
Symmetrieerkennung von Objektkonturen mit Hilfe der Fouriertransformation
Diplomarbeit am Lehrstuhl für Allgemeine Elektrotechnik und Datenverarbeitungssysteme der RWTH Aachen, 1987

[MONC87] Monchaud, S.
Contribution to Range Finding Techniques for Third Generation Robots
Intelligent Autonomous Systems, Int. Conf., Dec.86, Amsterdam, pp. 459-469, North Holland 1987

[MORA80] Moravec, H.P.
Obstacle Avoidance and Navigation in the Real World by a Seeing Robot Rover
Ph.D. Thesis, Stanford University, 1980

[NARE81] Narendra, P.M.
A Separable Median Filter for Image Noise Smoothing
IEEE Transactions on Pattern Analysis and Machine Intelligence,
Vol. PAMI-3, No.1, p.21, January 1981

[NEUM81] Neumann, B.
3D-Information aus mehrfachen Ansichten
Modelle und Strukturen, DAGM-Symposium Hamburg, Oktober 1981,
Informatik Fachberichte 49, Springer-Verlag, 1981

[NITZ77] Nitzan, D.; Brain, A.E.; Duda R.O.
The Measurement and Use of Registered Reflectance and Range Data in Scene Analysis
Proceedings of the IEEE, Vol. 65, No.2, Feb. 1977

[OHTA85] Ohta, Y.; Kanade, T.
Stereo by Intra- and Inter-Scanline Search Using Dynamic Programming
IEEE Transactions on Pattern Analysis and Machine Intelligence,
Vol. PAMI-7, No.2, p.139, March 1985

[OSHI79] Oshima, M.; Shirai, Y.
A Scene Description Method Using Three-Dimensional Information
Pattern Recognition, Vol. 11, pp. 9-17, 1979

[OSHI83] Oshima, M.; Shirai, Y.
Object Recognition Using Three-Dimensional Information
IEEE Transactions on Pattern Analysis and Machine Intelligence,
Vol. PAMI-5, No. 4, July 1983

[PALE84] Paler, K.; Foglein, J.; Illingwort, J.; Kittler, J.
Local Ordered Gray Levels as an Aid to Corner Detection
Proc. of the 4th Intern. Conf. on Robot Vision and Sensory Control,
London 1984

[PAVL82]   Pavlidis, T.
           Algorithms for Graphics and Image Processing
           Springer Verlag, Berlin 1982

[PHIL81]   Philips, J.
           Ein photogrammetrisches Aufnahmesystem zur Untersuchung dynamischer
           Vorgänge im Nahbereich
           Dissertation RWTH Aachen, Veröffentlichungen des Geodätischen Instituts
           der RWTH Nr. 30, 1981

[PIEC85]   Piechel, J.
           Verfahren der Stereobildkorrelation
           H.-P.Bähr, "Digitale Bildverarbeitung", H.Wichmann Verlag, Karlsruhe
           1985

[PRAT78]   Pratt, W.K.
           Digital Image Processing
           Wiley-Interscience, New York, 1978

[PUGH86]   Pugh, A. (Hrsg.)
           Robot Sensors
           Volume 1, Vision, IFS Ltd., UK, Springer Verlag Berlin, 1986

[RADI83]   Radig, B.
           2D- und 3D-Objektbeschreibungen für Sichtsysteme
           Mustererkennung 1983, 5.DAGM-Symposium, Karlsruhe, VDE-Berichte,
           VDE-Verlag, Berlin, Offenbach, 1983

[REIM82]   Reimers, U.
           Zur Auflösung von Fernsehkameras mit Halbleiter-Bildsensoren
           Dissertation Technische Universität Braunschweig, 1982

[REIS76]   Reißmann, G.
           Die Ausgleichungsrechnung
           VEB Verlag für Bauwesen, Berlin, 1976

[ROBE65]   Roberts, L.G.
           Machine Perception of Three-Dimensional Solids
           Optical and Electro-Optical Processing of Information,
           MIT Press, Cambridge, Mass., 1965

[SCHN89]   Schneider, K.
           Ein Verfahren zur schnellen Überführung industrieller Graubildszenen in
           eine für die Szenenanalyse geeignete Datenstruktur
           Dissertation RWTH Aachen 1989, Verlag Vieweg, Wiesbaden 1990

[SCHR88]   Schraft, R.
           Auf dem Weg zum intelligenten Roboter
           Sensoren - Technologie und Anwendung, VDI/VDE-Fachtagung Bad Nau-
           heim, VDI-Berichte 677, VDI-Verlag Berlin, 1988

B Literatur 145

[SCHU86] Schulze-Wilbrenning, B.
Berührungslose Dimensionserfassung mit zweidimensionalen Photoarrays
Institut für Automatisierungstechnik, Ruhruniversität Bochum, 1986

[SHIR87a] Shirai, Y.
Three-Dimensional Computer Vision
Springer Verlag, Berlin 1987

[SHIR87b] Shirai, Y.
Vision for Advanced Robot Project
Intelligent Autonomous Systems, Int. Conf., Dec.86, Amsterdam, pp.96-105, North Holland 1987

[SHIR71] Shirai, Y.; Suwa, M.
Recognition of Polyedrons with a Range Finder
Proc. 2nd IJCAI, pp. 80-87, London 1971

[SHRI87] Shrikhande, N.; Stockman, G.
Surface Normals from Striped Light
Vision 87, Conference Proceedings, June 8 - 11, 1987, Detroit, pp. 3-31, North Holland, 1987

[STAH88] Stahs, T.
3-D Sensorsysteme in der Robotik
Automatisierung mit Industrierobotern, Tagung Braunschweig, Kurzreferate, Angewandte Mikroelektronik, TU Braunschweig, 1988

[SUGI82] Sugihara, K.
Mathematical Structures of Line Drawings of Polyhedrons-Toward Man-Machine Communications by Means of Line Drawings
IEEE Transactions on Pattern Analysis and Machine Intelligence,
Vol. PAMI-4, No.5 ,September 1982

[THIE88] * Thieling, L.
Gewinnung von 3D-Objektmerkmalen aus einer perspektivischen Ansicht von ebenen geometrischen Formen im Raum
Diplomarbeit am Lehrstuhl für Allgemeine Elektrotechnik und Datenverarbeitungssysteme der RWTH Aachen, 1988

[TSAI84] Tsai, R.Y.; Huang, T.S.
Uniqueness and Estimation of Three-Dimensional Motion Parameters of Rigid Objects with Curved Surfaces
IEEE Transactions on Pattern Analysis and Machine Intelligence,
Vol. PAMI-6, No. 1, January 1984

[TUKE76] Tukey, J.W.
Exploratory Data Analysis
Addison-Wesley, Reading Mass., ch.7, pp. 205-236, 1976

[ULLM79]   Ullman, S.
           The Interpretation of Visual Motion
           The MIT Press, Cambridge England, 1979

[VIET88]   * Vieten, T.
           Aufbau und Kalibrierung eines Stereokamerapaars für die Gewinnung von
           Tiefenbildern aus natürlich und synthetisch texturierten Szenen
           Diplomarbeit am Lehrstuhl für Allgemeine Elektrotechnik und Datenverarbeitungssysteme der RWTH Aachen, 1988

[VISI87]   Vision 87
           Conference Proceedings, June 8-11, 1987, Detroit, North Holland, 1987

[WALD79]   Waldhäusl, P.
           Ein Vorwärts- und ein Rückwärtsschnitt
           Vermessungswesen und Raumordnung, pp. 128-139, 1979

[WALT75]   Waltz, D.L.
           Understanding Line Drawings of Scenes with Shadows
           The Psychology of Computer Vision, pp. 19-91, Winston, P.H. (Hrsg),
           McGraw-Hill, New York, 1975

[WANG87]   Wang, Y.F.; Mitchie, A.; Aggarwal, J.K.
           Computataion of Surface Orientation and Structure of Objects Using Grid Coding
           IEEE Transactions on Pattern Analysis and Machine Intelligence,
           Vol. PAMI-9, No. 1, July 1987

[WOOD81]   Woodham, R.J.
           Analysing Images of Curved Surfaces
           Artificial Intelligence 17, pp. 171-140, 1981

[WUWA84]   Wu, C.K.; Wang, D.Q.; Bajcsy, R.K.
           Acquiring 3-D Spatial Data of Real Objects
           Computer Vision, Graphics, And Image Processing, Vol. 38, pp. 126-133, 1984

Methoden der digitalen Bildsignalverarbeitung

von Piero Zamperoni

*1989. VIII, 263 Seiten mit 146 Abbildungen. Kartoniert.
ISBN 3-528-03365-7*

Inhalt: Digitalisierte Bilder – Punktoperatoren – Lokale Operatoren – Merkmalextraktion aus Bildern – Globale Bildoperationen – Bildmodelle, Bildnäherung und Bildsegmentierung – Morphologische Operatoren.

Dieses Buch wendet sich an Informatiker, Ingenieure und Naturwissenschaftler in Studium und Praxis, die Bildverarbeitungssysteme anwenden. Es vermittelt praxisnahe Grundlagen und eine umfassende Methodenpalette zur Lösung von Aufgaben. Es eignet sich als Grundlage für Vorlesungen, nützt aber auch Praktikern, die sich in dieses Gebiet einarbeiten wollen, da der möglichst vollständige Überblick über die zahlreichen Bildverarbeitungsoperatoren nach methodischen Gesichtspunkten geordnet wurde.

Dr. *Piero Zamperoni* arbeitet auf dem Sonderforschungsgebiet Bildverarbeitung am Institut für Nachrichtentechnik der TU Braunschweig und ist Lehrbeauftragter an der FH Wolfenbüttel.

Vieweg Verlag · Postfach 58 29 · D-6200 Wiesbaden 1

Optical Recognition of Chinese Characters

edited by Richard Suchenwirth, Jan Guo, Irmfried Hartmann, Georg Hincha, Manfred Krause, and Zheng Zhang

1989. VIII, 144 pp., 73 figs. (Advances in Control System and Signal Processing, Vol. 8; ed. by Irmfried Hartmann) Softcover.
ISBN 3-528-06339-4

Contents: Chinese Characters – Properties and Problems: History – Modern Printed Characters – Character Structure – Chinese Characters in the Computer / Input and Preprocessing – Setting the Stage: Optical Input – Picture Segmentation – Size Transformation – Binarization – Edge Smoothing on Binary Patterns / Feature Extraction: Principles of Feature Extraction – Useful Tools – Some Feature Algorithms – Combination of Features – Structural Analysis / Classification: Principles of Classification – Classification Tools – Combining Distance Measures – Hierarchical Classification – The Overlap Problem – Dynamic Classification – Plausibility Checks – Learning Mechanisms / The TECHIS System: Implementation and Results: Hardware and Software Conditions – Program Implementation – Database on Chinese Characters – Tests on Features.

Vieweg Publishing · P.O.Box 58 29 · D-6200 Wiesbaden 1